U0176570

谨以此书献给张首晟教授，

他对简洁与普适的无止境追求永远激励着我们。

特此鸣谢张首晟基金会对本书出版给予的大力支持。

宇宙的另一种真相

严伯钧——著

余晓帆 张晨波 祁晓亮 廉骉——编著

中信出版集团 | 北京

图书在版编目（CIP）数据

宇宙的另一种真相 / 严伯钧著；余晓帆等编著 . --
北京：中信出版社，2024.6
ISBN 978-7-5217-6205-1

Ⅰ . ①宇… Ⅱ . ①严… ②余… Ⅲ . ①物理学－儿童
读物 Ⅳ . ① O4-49

中国国家版本馆 CIP 数据核字（2023）第 232494 号

宇宙的另一种真相

著　　者：严伯钧
编 著 者：余晓帆　张晨波　祁晓亮　廉翯
出版发行：中信出版集团股份有限公司
（北京市朝阳区东三环北路27号嘉铭中心　邮编　100020）
承 印 者：嘉业印刷（天津）有限公司

开　　本：787mm × 1092mm　1/16　　印　　张：13.75　　字　　数：220千字
版　　次：2024年6月第1版　　印　　次：2024年6月第1次印刷
书　　号：ISBN 978-7-5217-6205-1
定　　价：68.00元

推荐序

引人入胜的现代物理学之旅

《宇宙的另一种真相》一书呈现了一场引人入胜的现代物理学之旅，重点展现了我们对宇宙理解的许多不同方面。

在书中，读者将会欣赏到关于“还原论”的讨论，即复杂的现象被简化为简单的组成单元或原因，还会欣赏到关于“涌现”的讨论，即复杂和全新的行为由众多简单的组成单元共同作用而产生。人类的思想有许多层面，正是这些层面的进步使我们终于能够理解物质和宇宙的运作方式，这本书完美地呈现了这一点。我相信读者阅读后会有很多思考。

——爱德华·威滕

The book *Another Truth of the Universe* provides a fascinating tour of modern physics, emphasizing the many different facets of our understanding of the universe.

Readers will enjoy the discussion of “reductionism,” in which complex phenomena are reduced to simple building blocks or causes, as well as "emergence," in which complex and qualitatively new behaviors arise from a multitude of simple building blocks working together. The many layers of progress in human thought that have led to our current understanding of the working of matter and the universe are beautifully presented. I am sure that readers will be left with much to ponder.

——Edward Witten

揭示科学的深奥魅力

在《宇宙的另一种真相》一书中，我们得以从一种前所未有且令人耳目一新的视角深入探索凝聚态物理学的奥秘。这本书不仅仅是一部简单的科普作品，它通过清晰的思路和流畅的行文，将拓扑物态这一前沿领域的理论与实验介绍给了公众，这在科普领域尚属首次。作为该领域的研究者之一，我深感此书对普及和解释我们这个时代物理学中一些最美丽且激动人心的概念和发现具有重要的价值。

此外，这本书还具有深刻的纪念意义，它是对已故的张首晟教授的一种致敬。张首晟教授生前一直倡导对知识的无边界好奇和对自然之美的不懈追求。凝聚态物理学是一个在科普作品中鲜有涉猎的领域，因此，用这样一本书来激发公众对科学的好奇心，无疑是对张教授精神的最佳纪念。尤其是书中对于我与张首晟教授合作发现的量子反常霍尔效应的介绍，使我回忆起与他共事的那些激动人心的岁月，他那充满启发性和前瞻性的思想无疑对拓扑物态领域的突破性进展起到了决定性的作用。

《宇宙的另一种真相》不仅揭示了科学的深奥魅力，也是对科学巨匠们致敬的杰作，强烈推荐给所有的科学爱好者。

前 言

》》》》

推动科学边界，追寻真理轨迹

2018 年的圣诞节前后，是我人生中最灰暗的一段日子。首晟的突然离世，给我和孩子、亲友带来了沉痛打击。为首晟在半月湾举行的葬礼，成为我们与他在人世间最后的告别。

那天，海风轻轻拂过，三只白鸽飞过天空，一切都是首晟在告诉我们，他的灵魂已经挣脱了万有引力的束缚，与天地融为一体，遨游星际。

每当闭上眼睛，我最想念的总是首晟的那双手。

曾经，我们在沙滩散步，观赏海边日落，总是牵着手，一起讨论，一起分享，他那双温暖的手永远是我生命的支柱和陪伴。

首晟生前喜欢带我和孩子们参观艺术馆、博物馆，他总能巧妙地将科学、历史与艺术融为一体，让我和孩子们听得入神。他离世后，我也常常独自漫步在艺术馆中，期望美妙的艺术能抚平我内心的伤痛。一次在罗丹的艺术馆看到他的雕塑作品《圣殿之

手》，作品中手的线条与质感，让我回忆起首晟的那一双手，他的双手拥有魔力，曾给我带来安慰、温暖和力量。

首晟说过："生命的意义只有两种。能超越朽亡肉体的，一是我们传承给儿女的基因，繁衍生息；二是我们创造的思想，载入史册，贡献于人类文明。"

为了纪念他，继续他的遗愿，我和孩子们决定将家庭基金会改名为"张首晟基金会"。纪念和完成首晟生前的愿望，来帮助更多的年轻学者，推动教育和科技的发展。为年轻的科学家和科学爱好者提供更多的支持。

2022 年 4 月，在高山大学张首晟奖学金面试中有幸认识了奖学金候选人之一的严伯钧。他对科学和艺术有着浓厚的热情和渊博的知识，他那极具天赋的故事讲述能力、擅长以简练的语言激发人们对新课题的好奇心的能力，都给我留下深刻的印象。那年他以微小的分数之差和奖学金擦肩而过，可惜之余我通过高山团队在微信上和伯钧取得了联系。因为我隐隐觉得，伯钧那与首晟一直笃信的简洁且优美的宇宙法则不谋而合的观点并非巧合。

2022 年 7 月，在伯钧来美之际，我和儿子晨波（Brian）在家中第一次见到了伯钧，我们一起畅谈科学、凝聚态物理学、印象派艺术、古典音乐……当聊到古典音乐作曲家时，伯钧兴奋地坐到钢琴椅上，即兴演奏了肖邦练习曲 Op10 No1.。在肖邦那优美的旋律和深情又浪漫的感人音乐中，我们万分欣慰和伯钧的相遇，伯钧还赠送了他的著作《对立之美》作为见面礼。在拜读过《对立之美》后，我深受他深邃的思想和热情的感染，坚信他就是基金会需要的人才。于是，我们决定携手完成首晟未实现的愿望——创作一部关于凝聚态物理的科普著作。

我们还邀请了首晟的学生祁晓亮、廉骉，与儿子张晨波共同组成编写小组，一起为这本书进行科学领域的讨论和交流。他们都为这本书提供了很多宝贵的建议和素材。

如今，我非常高兴这本书即将问世。伯钧也获得了 2023 年张首晟奖学金，在祝贺他的同时也期待此书能感召更多的年轻人加入“科学复兴”的队伍，探索科学精神，让科学成为大众的生活方式。

在这个时刻，我深深觉得，首晟的离去并不是生命的结束，更是生命的升华。虽然生命是有限的，但是对科学、宇宙的探索精神却永无极限。

首晟离世将近五周年了，他的热忱与智慧却像一颗恒星一样，持续照耀在我内心的夜空。每当星辰闪烁，每当诗意涌现，我心中都会显现首晟的影子。

首晟的一生，充满了对科学的热忱和探索。他所追求的，不仅是物理学的真理，更是对生命和宇宙的深度解读。他留给我们的，不仅是一段美好的回忆，更是一个永恒的使命——推动科学边界，追寻真理轨迹。

这本书不仅是对首晟的缅怀，更是我们为了续写他未尽梦想的倾注。此刻，我们将它传递到每一位读者的手中，希望你们可以从书中读到我们对首晟深沉的思念，对科学的崇高敬意，以及对浩瀚宇宙真理的无尽追寻，希望你们也可以用你们的双手成为“科学复兴”的播种者。

阅读科普书籍是最有趣的学习方式

如果你问我父亲作为一名父亲最快乐的记忆是什么，我想他会提到参与孩子们的教育。尽管张首晟教授在斯坦福大学教了数百名学生，但他最喜欢的课程是在家里与我和妹妹对话。我最早的一次与爸爸一起学习的记忆是我 11 岁那个夏天。爸爸偶然发现了西蒙·辛格的《密码书》，那是一本讲述几个世纪以来密码学历史的书，他建议我们一起阅读并讨论。作为一个喜欢解谜的小男孩，我很快就学会了破解替换密码，其中每个英文字母被替换为字母表中的另一个字母。随着更高级的密码被介绍，我注意到了一个问题——每次有更好的密码被发明，破译者就会想出更复杂的技术来破解。

在最喜欢的章节中我了解到，二战期间德国人使用的谜题密码最终被艾伦·图灵设计并建造的一台名为“炸弹”的机器破解了。这里将数学和科学与历史交织在一起，成为我听说过的最激动人心的故事。

多年来，我和父亲阅读了许多关于费马大定理、天体物理学、五次方程无解以及黎曼猜想等的科普书籍。然而，在我父亲的专业领域——凝聚态物理学中，却没有适合推荐的通俗读物。

现在，我对这本书能向普罗大众介绍凝聚态物理学感到无比兴奋。我特别开心，因为认识了主要作者严伯钧。伯钧知道如何激发那些对某个主题感兴趣却知之甚少的人的好奇心。他对物理学乃至其他领域的热情让我想起了我父亲作为一个“讲故事人”的天赋。我和母亲与伯钧合作，收集了父亲为家人和学生所做的讲座、创作的文章和插图，以便伯钧能将它们融入这本书中，或者作为资料使用。我父亲的学生，后来的同事，祁晓亮教授和廉骉教授，也在协助伯钧的工作中投入了大量的时间和精力。我非常感谢他们三位。

当我和母亲第一次与伯钧接触，并开始为这本书头脑风暴时，伯钧推荐了一些他过去的科普讲解视频给我们看。我的父亲从未学会编辑视频，他更喜欢用笔和纸来表达自己的思想。伯钧属于更年轻的一代，我很快就感觉到他在解释事物的方式上与我父亲的“讲故事天赋”极为相似。首先，我在伯钧身上感受到了他对历史的浓厚兴趣以及讲述历史故事的热情。就像我们在听一段古典音乐时，想要了解作曲家和表演者的生平一样，伯钧的视频和文章既解释了概念，也讲述了背后那些人物与故事——这就是我和父亲一起学习科学的方式。

我觉得伯钧和我父亲共同拥有的另一个特点是他们都希望尽可能简单地解释事物。父亲的教学方法之一是“用一句话总结每个科学领域”。对于光学，就是“光走的是时间最短的路径”，还能用救生员和游泳者的故事来进一步解释。对于整个生物学、化学和凝聚态物理学，就是“世界是由原子构成的”。虽然这些陈述看似简单，但随着时间的推移，我意识到它们蕴含着的深刻内涵。人们可以反过来问，“光是如何知道要走时间最短的路径的？”或者“如果一切都是由原子构成的，为什么有些相同原子构成的材料彼此如此不同？”每次重新审视这些原理，都会发现新的联系。

父亲常用“简洁与普遍性”这个词组来描述他对科学的看法。一方面，科学理论应该是普遍的，能够解释广泛的现象，就像牛顿的万有引力定律既适用于从树上落下的苹果，也适用于我们太阳系中的行星一样；另一方面，经得起时间考验的理论必须是简单的。在物理学的历史中，当一个理论缺乏简洁性——例如，方程太多——它往往会被一个更好、更简单的理论所取代。我父亲相信，平衡这两种张力有助于发现最值得追求的想法，这些原则指导了他在拓扑绝缘体的发现以及他生活中的许多其他领域。同样，在这本书中，伯钧出色地将凝聚态物理学浓缩为几个简单但普遍的原则。正确的物理学应该是简单的，最简单的陈述往往蕴含着最深的智慧。

如果这本书出版时我父亲还在世，即使这是他专业领域内的一本大众读物，他也一定会买一本来享受作者简单的思想表达，并学习新的历史细节。为了说明这一点，我想回到父子一起阅读《密码书》的旅程，并重述我父亲最喜欢的回忆之一。

那天，父亲收到了一条留言，是一位爷爷帮忙接我妹妹从夏令营回家。听到那位男士报出自己的名字——马丁·赫尔曼时，爸爸非常兴奋！原来，这位马丁·赫尔曼正是那位共同发明了第一个公钥密码体系的人，现在是一位退休的斯坦福大学教授。回电话留言时，他问赫尔曼先生是否愿意和一个对密码学有浓厚兴趣的小男孩见面。马蒂（马丁的昵称）在斯坦福校园的家中接待了我们，他问我是否能理解他的算法，以及我有什么问题。在我们交流的最后，他在书中有他照片的那一页签名，写道："愿密码学的缪斯女神对你微笑。"

这次与赫尔曼先生的邂逅给我父亲留下了深刻的印象。面对一个看似不可能解决的问题时，赫尔曼先生依靠素数定律创造了一类新的密码学算法。这是数学的一个奇妙应用，正是我父亲梦想在自己的研究中实现的那种。从 2002 年的那个夏天起，他对推动互联网时代的加密算法产生了浓厚的兴趣。几年后，"密码学的缪斯"指引着我父亲的风险投资工作。他成了同态加密和差分隐私等技术的早期投资者，提前多年预见到了它们的潜力。最初和我一起的阅读项目，最终成长为他职业生涯的终身热情和基石。

对我父亲而言，《密码书》这样的作品激发了科学、历史与日常生活之间的联系，使他成为一个更全面的人和物理学家。同样，我小时候阅读科普书籍也是最有趣的学习方式，通过故事、小谜题和历史上的"尤里卡！"时刻学到很多东西。在这个意义上，我相信《宇宙的另一种真相》适合所有读者，无论是对物质状态感到好奇的孩子，还是拥有物理学博士学位的成年人。当你翻阅这本书时，愿你记住，凝聚态物理学中最值得记住的观点是最简单的。愿你在我们周围的材料中发现简单性和普遍性的美丽展现，从而进一步寻求你周围简单和普遍的真理。

张晨波

科学对于人类的意义，
就是引发更多的思考和好奇

作为本书编写小组的一员，我非常高兴看到这本《宇宙的另一种真相》即将付梓。在写下前言时，我的脑海中浮现的是这样一个问题：科学的意义是什么？

物理学和其他自然科学探索的是自然界的客观规律。即使有一天人类文明已经湮没在时间的长河中，用人类语言写下的物理规律也已尘封，这些规律也会照常决定着日月星辰的运行，不会因为没有人知道它们而有丝毫的减损。那么这是否意味着，科学规律就像岩石、空气，它并不为人类而存在，除了实用价值也谈不上对人类有其他的意义呢？我想并非如此。在我个人的经历中，我是在高中一年级的时候忽然迷上物理学的。在一些科普书中读到的关于基本粒子、量子力学和相对论的种种奇妙的景象，让我感到前所未有的震撼，那种感觉仿佛在一个永远阴天的地方，第一次坐飞机穿过云层看到满天繁星。自然规律虽然是客观的，但对这种规律的渴求和欣赏，却和视觉听觉一样，是一种纯粹主观的、直接作用于人心的体验。生命进化的奇迹赋予人眼睛耳朵，也同样赋予人欣赏自然规律的能力，这种能力并非逻辑思维能力的衍生品，而是直接诉诸情感、让人神往。

从那个时候起，我就一直将物理学作为终生的志业。在科研的路途中，我是一个异常幸运的人。在 2004 年我博士生一年级的时候，第二次有了那种忽然看到整个新世界的感觉，就是在张首晟老师的引领下，开始探索全新的拓扑绝缘体领域的时候。读者在本书中也会读到这一领域的激动人心的历史。在 2004—2005 年，宾夕法尼亚大学的查尔斯·凯恩（Charles Kane）和尤金·梅莱（Eugene Mele）研究组，和首晟老师与他的学生 B. 安德烈·伯纳维格（B. Andrei Bernevig）几乎同时提出了量子自旋霍尔效应这种新的物质态。当时我和在清华大学访问的吴咏时教授一起也开始研究这个方向，在联系首晟老师后，激发出了很多新的想法，完成了我在这个领域的第一篇论文。Kane-Mele 的论文出发点是他们对于石墨烯的研究，Bernevig- 张的论文出发点是晶格形变对自旋轨道耦合的影响。我和吴老师与首晟老师的论文出发点则是首晟老师之前与永长直人（Naoto Nagaosa）、村上秀一（Shuichi Murakami）提出的自旋霍尔效应绝缘体碲化汞。这些工作看似出发点截然不同，却又几乎同时出现，殊途同归地走向量子自旋霍尔效应方向，当时看似一种神奇的偶然，但回顾历史的时候就会发现并非如此。

在此前几年中，首晟老师和合作者在一系列影响深远的工作中，揭示出了“自旋轨道耦合”这个原已陈旧的问题中隐含的深刻优美的数学结构，把这个问题与规范场、额外维度等基本问题联系了起来。不同领域的研究者被首晟老师的工作启发、吸引到这个方向上来，将半导体领域和强关联电子系统领域原有的经验首次结合在了一起。有了这样“此时无声胜有声”的准备，才带来了量子自旋霍尔效应在几个不同突破口同时开始的爆发。穿透了最初的迷雾之后，随之而来的就是在拓扑物理学世界中的奇妙旅程。拓扑物态的研究从纯理论设想到实验实现，从一种材料到数千种材料，从二维到三维以至任意空间维度，从绝缘体到超导体、半金属，从量子反常霍尔效应到量子计算，种种出乎意料的发现精彩纷呈，迄今已近二十年仍是凝聚态物理学中长盛不衰的研究课题。如果用诗句来描述这种发现给我带来的震撼，我会选择《梦游天姥吟留别》：“列缺霹雳，丘峦崩摧。洞天石扉，訇然中开。青冥浩荡不见底，日月照耀金银台。”这首诗描述的是大诗人李白的梦境，在新拓扑物态这个领域，首晟老师就是那个最先描绘出他的梦想，并且激励、引领了所有人去实现的人。首晟老师在科学上和人才培养上的非凡成就，不只是来源于他的科学功底，更来源于他用科学思想和科学热情来引起共鸣、激发灵感、引领一个方向的非凡领导力。他总是为强烈的好奇心和对自然规律之美的追求所驱动，就算一项研究当下看似无用，如果足够优美和基本，他也会非常兴奋。他总是对任何领域中的新思想都孜孜以求，无论是数学、物理、生物还是社会科学。他不仅自己这样探索，还抓住一切机会去激发身边的人进行同样的探索，不断地去发现和引导那些同样具有好奇心和热情的年轻人。

正是出于对这种精神的纪念和缅怀，张老师夫人余晓帆老师提出了写一本科普书来纪念张老师的想法。就像高中时的我一样，无数各行各业的人都可以为科学的思想所影响和启发。让更多的人感受到科学带来的美与震撼，正是对张老师的事业最好的继承。经余老师介绍认识了本书的主要作者严伯钧以后，我马上就理解了她对于伯钧的欣赏。伯钧在他的书和视频中对科学思想的解释风格极其简单又保持了逻辑清晰性，能够让没有专业背景的读者心领神会，但又不损伤真实性，这真是一种难得的天分。首晟老师如果在的话，相信一定会和伯钧聊得非常开心。伯钧是移动互联网时代把科普带给大众的先驱者，他在抖音这个平台上，以科普内容收获六百万粉丝，本身就是科学对于人类的普遍意义最好的证明。自然规律像星空的美丽一样，不只是对研究者有价值，对于所有人都能直达内心。本书中的一些科学细节可能有点艰深，但是我希望耐心的读者感受到，那些复杂的学术思想和概念背后无所不包的关联性和统一性。世界是由什么组成的？为什么粒子有质量？电荷能不能分成更小的单位？什么是拓扑？为什么实验室里的固体材料又跟基本粒子、引力和光这些基本概念相关？因果律是客观存在的吗？希望看完本书以后，你对这些问题有更多的思考和好奇。这就是本书的意义，也是科学对于人类的意义。

宇宙的另一种普适和美

看到这本书的时候，你是否能想到它的主题是凝聚态物理学？是的，这并不是一本循规蹈矩介绍这门科学的科普书，其涵盖的内容也跨度极大。这本书的创作初衷是为了纪念已故的凝聚态物理学家张首晟教授，也是我的博士导师。我们编写小组有张首晟教授的夫人余晓帆老师、儿子张晨波，他曾经的学生祁晓亮教授和我，以及本书的主要作者严伯钧。张首晟教授在对拓扑绝缘体的理论建立和实验预测上做出了卓越的贡献，同时也是一位极具历史和哲学思想的科学家。因此，经过我们的讨论，本书的主要作者严伯钧选取了一个尽可能反映张首晟教授哲学思想的非传统的呈现角度来写这本书。

我第一次见到张首晟教授是在 2008 年，那时我还只是清华大学物理系的一年级本科生，因为参加学校组织的一个学生交流活动，在斯坦福大学停留一周，有幸被安排听了张老师的一堂统计物理课。在课上，让我印象深刻的是张老师对回答问题的学生的热情夸赞，即使一些问题看起来很简单。这正是张老师的特质：他对简单而美的问题和答案永远有着超乎寻常的热情，而且为年轻学生和普通大众讲述这些科学原理也是他最喜欢做的事情之一。这堂课后，我拜访了张老师，彼时他正在办公室讨论关于拓扑绝缘体的物理问题（其中正巧也有本书的另一编著者祁晓亮教授），他让我坐下顺便听听做研究是什么样的。尽管当时那些内容对我而言过于深奥，近距离聆听的我还是觉得心潮澎湃。而我拜访张老师还有一个主要目的：请他看一看我写的一篇对旋转液滴形状的研究笔记，因为那时我以为做研究就像科普书上一百年前拉马努金和玻色的故事那样，年轻学者把自己的研究寄给大科学家来评价。张老师并没有忽略我这个请求，尽管我的那篇笔记和张老师的研究领域相距十万八千里。一段时间后，我不无沮丧地写邮件告诉张老师这个问题早已被物理学家瑞利和钱德拉塞卡彻底研究过。张老师却热情地回复我，说他读过之后对我的笔记印象很深刻，并且说这是一个非常好的做研究的开端。回想起我那时作为一个刚开始踏上物理道路的学生，以及一次不成功的研究尝试，张老师的认真回复和热情夸赞给了我极大的激励。而这也开始了我与张老师后来的师生缘分。

张老师的科学研究风格是非常独特的——无论涉及多深奥的理论知识和复杂计算，他都可以用浅显易懂的语言讲清楚，并且让人惊叹于其中最有趣的原理。这常常让我想起诺贝尔物理学奖获得者理查德·费曼，一位以善于为公众讲述深奥科学而著名的物理学家。也正因为此，科研与科普对张老师来说是同等重要的事情。在我刚成为张老师的博士生时，张老师笑着问我是否知道如何估计“地球上最高的山有多高”。这个问题我见过，所以没有被难倒，答案可以通过让岩石的融化能量等于把岩石升高到山顶的势能算出来。张老师很高兴，说做物理就应该追求这样的简单原理。他告诉我，他在教一门本科生课程“信封背面的物理”（back of the envelope physics，意为简单的物理估算），讲的就是类似这样的物理问题，并请我来担任助教。这是一门让我大开眼界的课，其中有趣的问题数不胜数，例如如何用简单的办法估算亚历山大图书馆的图书数量，所有时间里出生过的总人数，传递强相互作用力的介子质量，等等。很多问题我都从来没有这样想过。这也深深地影响了我之后的物理学习和研究，我也会尽力要求自己用最简单的原理解释复杂的物理。从根本上，这源于张老师对一个研究是否有趣的非凡嗅觉，以及他对知识的广阔兴趣。

凝聚态物理学是一门内容极其丰富的学科，它的研究主题包括一切由基本粒子构成的看得见摸得着的固体或液体物质。通过计算宏观数目的基本粒子在量子力学下的行为，这门学科可以让我们理解这些物质的性质，诸如电阻、比热容、声速、可压缩性等，并且极大地推动了电子和材料技术的发展，比如20世纪发展起来的半导体工业。然而，更深层来说，凝聚态物理还有着深刻的哲学意义。诺贝尔物理学奖获得者菲利普·安德森在20世纪70年代提出一个观点“多，即不同”，他指出，很多基本粒子的相互作用会演化出新的物理规律，而这些物理规律不能直接从基本粒子的物理规律看出来。因此，在凝聚态物理学里，每一种不同原子构成的物质都可以看成一个有着不同物理规律的宇宙。我刚认识张老师的时候，他告诉我这正是为什么凝聚态物理那么有趣。这和超弦理论中的多宇宙理论观点颇为类似：高维空间的不同卷曲方式可能会给出不同物理规律的低维宇宙，而我们的宇宙只是其中的一个。自从物理学家认识到这一点以来，高能物理（即粒子物理）与凝聚态物理这两大物理学领域被越来越紧密地联系了起来，而张老师正是其中的卓越代表：他从读博士期间研究高能物理（超引力）转向了研究凝聚态物理，因而高能物理的很多思想也深深印刻在了他的凝聚态物理研究之中。在更广阔的意义上，很多物理学之外的系统也可以看作有着不同规律的宇宙。正是基于这样的哲学，张老师并没有把目光局限在凝聚态物理之中，他充满兴趣地探索了更多不同的“宇宙”，包括机器学习、分布式计算、生物基因编辑的原理等，追寻着普适的哲学思想。

另一方面，凝聚态物理的思想也经常反哺描述微观世界的高能物理，例如对称破缺的思想正是从凝聚态物理中诞生的，后来发展出了高能物理标准模型中的希格斯粒子对称破缺机制。甚至可以说，凝聚态物理决定了我们观测宇宙的物理规律的方式，因为所有的物理测量仪器都是基于宏观凝聚态物质的性质设计出来的。因此，本书正是从一个“不同宇宙”的哲学角度来介绍凝聚态物理，带领读者从我们的基本粒子的宇宙跳跃到一个又一个不同的凝聚态及其他科学的宇宙中。

张老师曾经多次提到他曾经看到伟大科学家墓碑时的震撼，上面往往镌刻着这位科学家生前所发现的最重要的公式。他认为这正是科学家的终极追求：一生的科学成就可以用一种最简单的方式做总结。张老师的墓碑上刻着的是他发现的拓扑绝缘体的哈密顿量公式，它代表的是在一切复杂之上，拓扑绝缘体这个宇宙中电子所呈现的简洁优美的物理规律。我们对这本书的期望也是如此：在纷繁复杂的凝聚态物理理论之上，它可以呈现给读者宇宙中的另一种普适和美。

目录

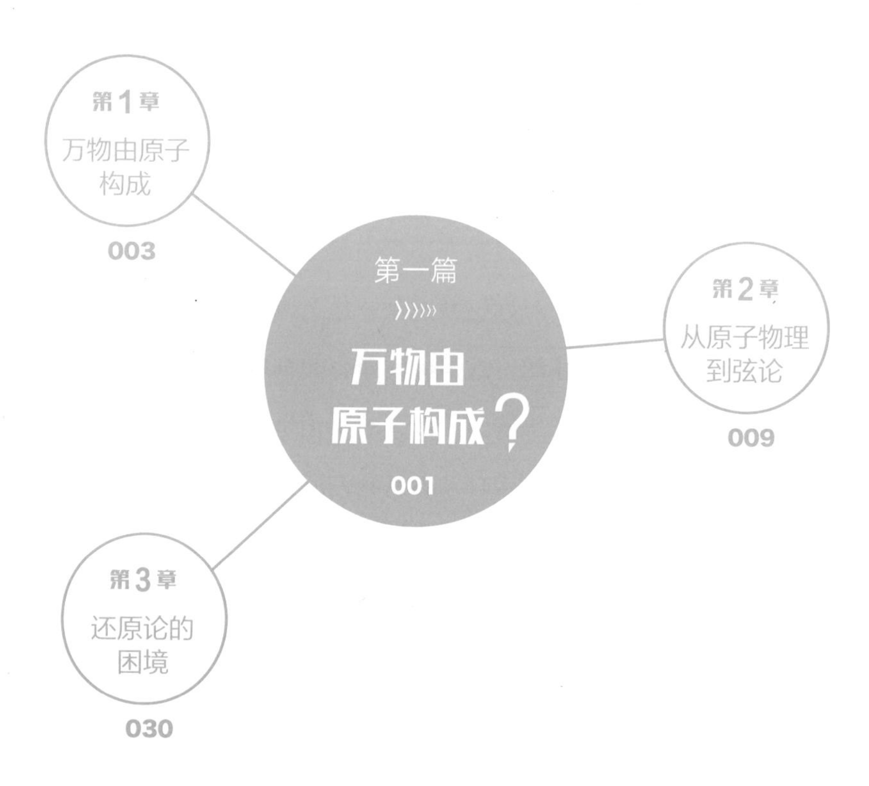

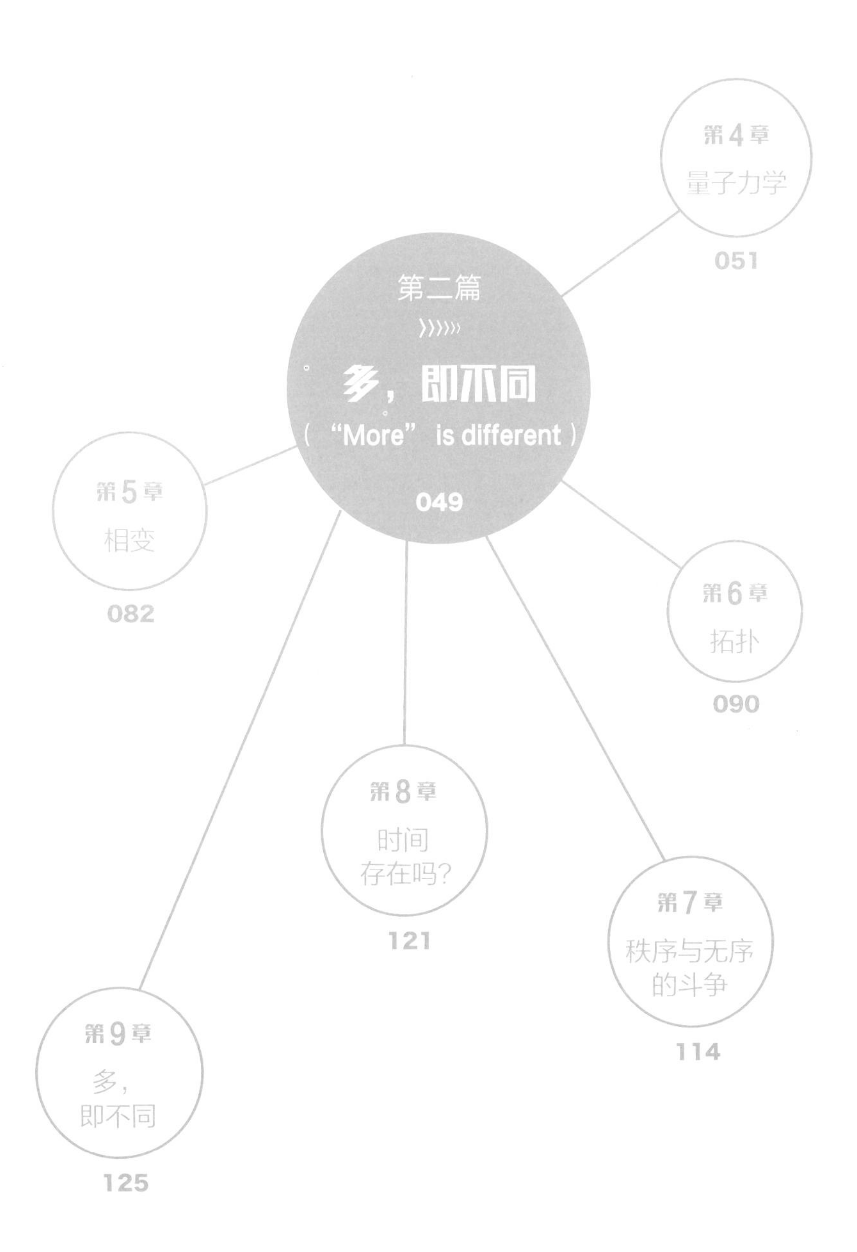
第二篇
多，即不同
（“More” is different）
049
第4章
量子力学
051
第5章
相变
082
第6章
拓扑
090
第7章
秩序与无序的斗争
114
第8章
时间存在吗？
121
第9章
多，即不同
125

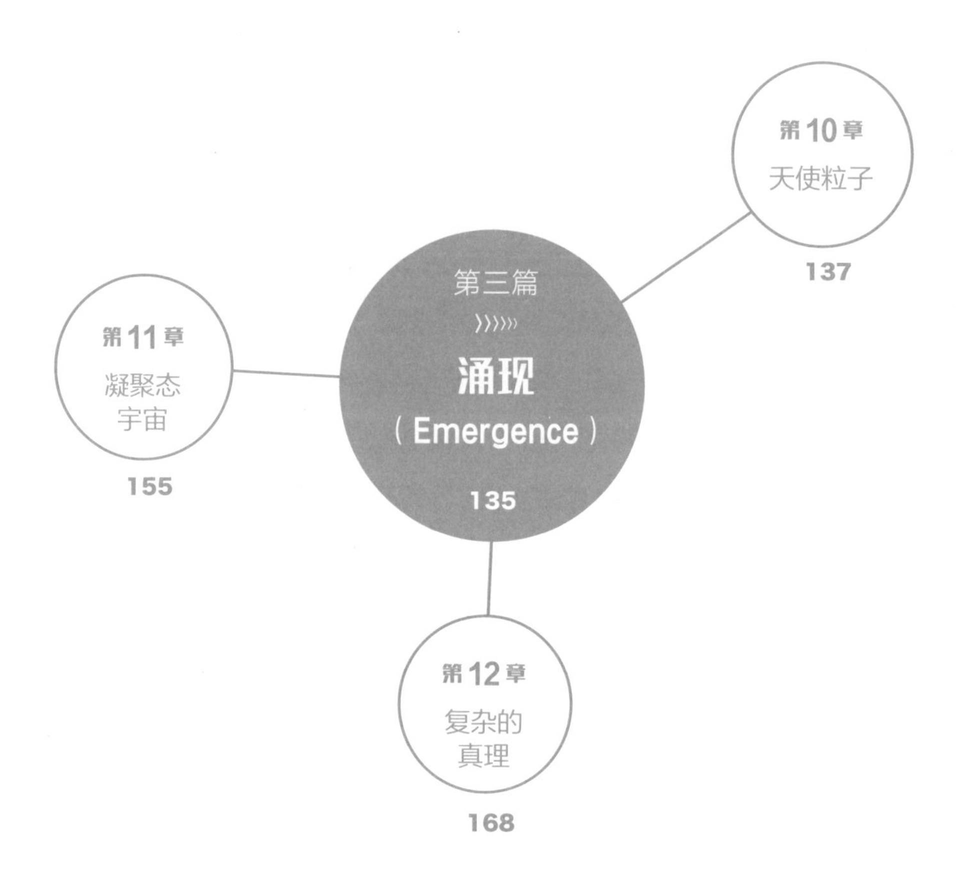
第三篇
涌现
（Emergence）
135
第10章
天使粒子
137
第11章
凝聚态
宇宙
155
第12章
复杂的
真理
168

后记
揭开宇宙的
另一种真相
187

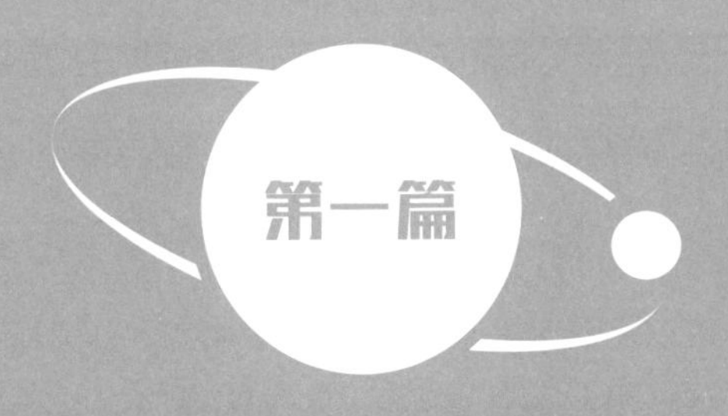

万物由原子构成？

第 1 章 万物由原子构成

如果地球即将毁灭，而你是地球上唯一一个还活着的人，但很快，你就将被 γ 射线暴吞噬，如果这时你手上有纸笔，剩下的时间只够你写下一句话作为留给后世文明的遗言。如果碰巧你是一名物理学家，你想着，这句遗言一定要为未来文明再启时留下最重要的信息，它代表着我们这一时代人类文明对于物理学最重要的认知，请问你会写下哪句话呢？

张首晟教授在斯坦福大学 ▲

2012 年，曾经是玛雅传说中世界末日出现的一年，恰巧在这一年张首晟教授负责斯坦福大学本科生的“新生入门研讨会”。他也借由世界末日这个话题，向学生们提出了一个核心思考题，那便是如果真的存在如电影《2012》中拍摄的、人类新打造的“挪亚方舟”，每个上船的人只能携带一个信封，在信封上写上一句话，作为保留人类知识的唯一办法，请问你会写下哪句话？这就是我们开篇的问题，关于这个问题，伟大的物理学家费曼曾经几乎是不假思索地给出了他的答案：万物是由原子构成的（Everything is made of atoms）。

著名的理论物理学家，理查德·费曼 ▲

“万物是由原子构成的”，这个知识点在当代，几乎是尽人皆知。但为了证明这个结论，人类花了两千多年时间。万物是由原子构成的，它其实揭示了两个道理。第一个道理是“万”与“一”的关系：不论“万物”如何千变万化，它们都是有基本构成单元的，那就是原子，即复杂的事物是由简单的事物构成的。第二个道理则是“大”与“小”的关系：万物的概念包含万有，自然可以有无比巨大的事物，如天体星系。原子则又是无比微小的事物。所以“万物是由原子构成的”，其实也是在说，大的东西都可以拆分成更小的东西。

那么，小的东西是否又可以拆分成更小的东西呢？就这样把小的东西拆分成更小的东西，不断重复这个过程，是否会有一个尽头呢？会不会拆到一定程度，就没有办法继续拆了呢？即是否存在一种构成万物的基本物质单元呢？

关于这个问题，东西方的古代哲学家，其实做出了相似的猜测。《庄子·杂篇·天下》中曾经提到一位被称为“惠子”的智者所说过的：“一尺之棰，日取其半，万世不竭。”这并不是庄子本人的观点，庄子只是对惠子的观点进行了引述，其本意在于讽刺惠子“弱于德，强于物”的行为特点，而庄子本人对于“日取其半，万世不竭”的态度并不明朗，也许庄子本人认为这样的问题并不重要，个人的德行才是重点。那我们姑且认为，庄子作为一位东方哲人，隐晦地表达了，万事万物存在基本的构成单元。而在西方，古希腊哲学家留基伯（Leucippus）与德谟克里特（Democritus）师徒二人，则是明确地提出了“原子论”。

古希腊哲学家留基伯▲

古希腊哲学家德谟克里特▲

“原子论”的基本思想是：万物的基本构成单元是原子（atom）（当然该定义与现代物理学所认知的原子定义大为不同）；除了原子之外，则皆为“虚空（void）”，这与现代物理中的“真空”概念类似。但下一个问题立刻出现了：构成万物的基本单元只有一种，还是有好几种？原子论显然认为只有一种，但现代粒子物理却告诉我们，已经被找到的基本粒子，居然就多达61种。其实不必说现代粒子物理学的结论，如果我们秉承“大的东西是由小的东西构成的，复杂的东西是由简单的东西构成的”这一信念，便会发现：如果出现不同，我们总是可以认为，存在更基本的构成单元，这种不同来源于基本单元不同的排列组合。

这种“大东西由小东西构成，复杂的东西由简单的东西构成，最基本的构成单元应当只有一种”的思想，在哲学上有一个更广为人知的名字：

还原论（reductionism）。

还原论的哲学理念认为，整体的性质可以通过了解其组分的个体性质，以及组分个体之间的作用关系完全得出。还原论的思想可以说几乎贯穿了人类对自然、宇宙规律以及基础物理学的研究两千多年，一直到今天，它依然是现代粒子物理最为核心的理念，甚至可以说是信念。的确，在这两千多年探索的道路上，秉承还原论的哲学理念，人类在基础物理的研究道路上攻城略地，获得了极其璀璨的成就。它带来的科研成果惠及人类生活的方方面面。无怪乎费曼选择留给后世的一句话遗言是：万物是由原子构成的。还原论的哲学理念实在太成功了。

还原论认为大的东西由小的东西构成，这句话固然是不言自明的，因为就目前来说，它完全符合我们的经验，从归纳的意义上来说，它是个直到目前为止，都尚未被证伪的命题。复杂的东西由简单的东西构成，目前看来也完全符合我们的经验，但严格来说，我们只能说复杂的东西“可以”由简单的东西构成，而我们却无法证明复杂的东西不能构成简单的东西，或者说，构成简单东西的未必是更简单的东西，是否也有可能是更复杂的东西呢？这个问题留到后文再来审视，你会发现，复杂的系统也能产生简单的秩序。

相比于“大”与“小”的关系，以及“复杂”和“简单”的关系，对于还原论来说，更关键的点应当是：是否能从构成整体的个体的自身性质，以及个体之间相互作用的规律，完全得出整体的性质？关于这个问题，还原论的答案是肯定的。但反还原论（anti-reductionism）却认为，未必。我们先不急于了解反还原论的观点，先来回顾一下还原论在帮助人类认识自然方面都做出了哪些贡献。秉承还原论的思想，前辈科学家们把人类文明提升了好几个档次。

第2章 从原子物理到弦论

在德谟克里特的“原子论”当中，原子实际上被定义为构成万物的唯一基本单元。而原子论也并非在古希腊时期解释万物本源的唯一理论，其他的还有多元论，例如古希腊哲学家恩培多克勒（Empedocles）认为，组成万物的是四种基本元素，即水、火、土、气。当然他们的观点都属于还原论，区别是德谟克里特算是一元论者，而恩培多克勒则是多元论者。

古希腊哲学家恩培多克勒▲

而在现代物理中，原子的种类很多，其种类其实对应的便是大家熟知的“元素周期表”中的110多个元素。所以，当我们讨论原子概念的时候，我们说的是元素周期表里对应不同元素的原子，而非古希腊原子论当中概念性的、唯一的原子。而现代粒子物理想要去寻找的，其实是原子论当中唯一原子，例如弦论认为这种“原子”实际上是一维的“弦（string）”。

恩培多克勒认为，组成万物的基本元素有四种，分别是水、火、土、气▲

原子非常小，如果把原子的形状当成球形，这个球的直径在 0.2nm 左右。这个尺度已经远远小于可见光的波长（380~780nm），所以原子是无法用光照射被人眼“看见”的，即无法通过视觉去发现原子的存在。而原子早在 19 世纪初，就被著名的英国化学家约翰·道尔顿（John Dalton）通过化学反应结合逻辑推理的方式证明存在了，而那个年代还远远没有发明电子显微镜这种高科技的实验仪器。

道尔顿用碳与氧气发生化学反应，分别生成一氧化碳（carbon monoxide）与二氧化碳（carbon dioxide），结果发现，同样质量的碳，全部生成二氧化碳时的耗氧量是全部生成一氧化碳时耗氧量的两倍。要知道在原子尚未被发现的年代，根本不存在化学分子式这种表达方式。人们只知道一氧化碳和二氧化碳是两种不同的碳氧结合物，拥有不同的化学性质以及气体密度。二氧化碳在当时也不叫这个名字，而是叫作“木气（gas sylvestry）”，一氧化碳则叫作“碳氧化物（carbon oxide）”。

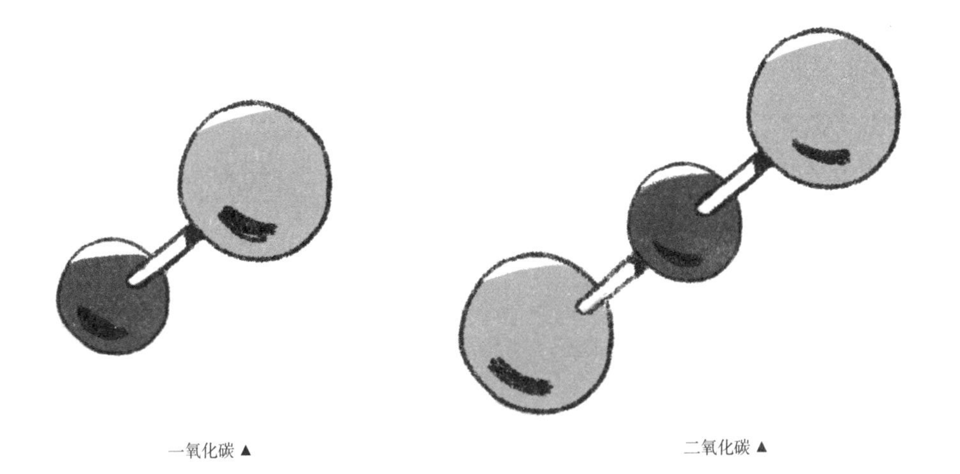

一氧化碳 ▲　　二氧化碳 ▲

二氧化碳中的氧永远是等量一氧化碳的两倍，碳元素与氧元素反应所呈现的固定比例说明两种元素无法以任意比例结合，即碳元素与氧元素的单位应当是离散的。因为如果对元素进行分割的行为可以无限进行下去，即说明没有最小构成单元，则元素的分量可以是连续的。若是连续的，则碳与氧应当可以以任意比例进行结合。既然碳与氧无法以任意比例结合，则说明碳与氧应当有最小构成单元，至少在保持碳和氧的化学性质这个层面，它们无法无限进行分割。在保持元素的化学性质不变化即不破坏元素结构的情况下，它们的最小构成单元即被定义为该元素的“原子”。

如果我们只满足于化学元素层面的原子，那似乎是多元论占据上风，因为至少在化学层面，构成万物的基本单元就是元素周期表上的 110 多种元素。这 110 多种元素的原子拥有不同的质量、不同的化学性质。那

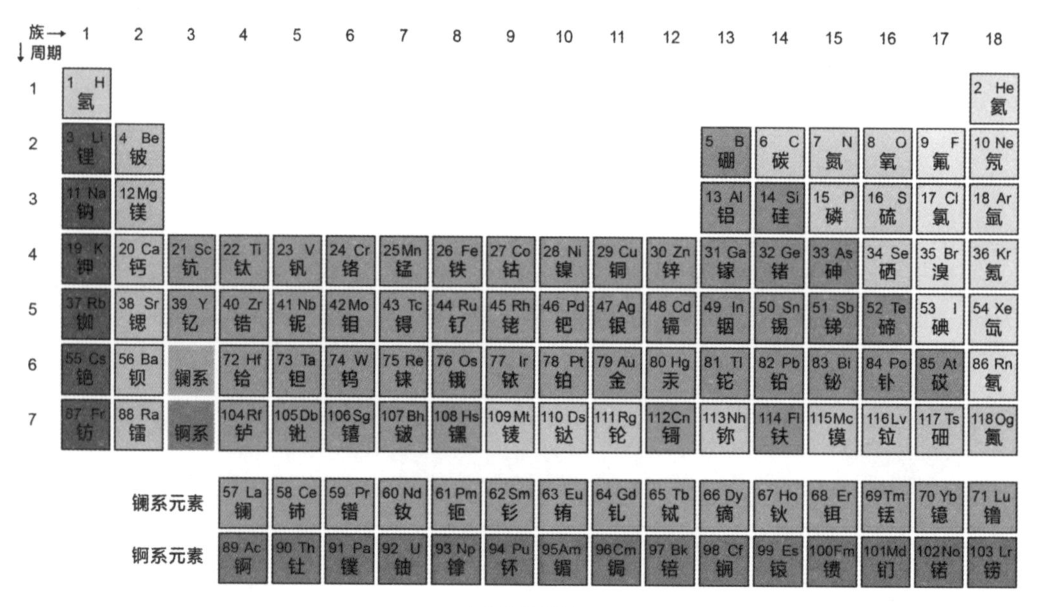

族→ ↓周期	1	2	3	4	5	6	7	8	9	10	11	12	13	14	15	16	17	18
1	1 H 氢																	2 He 氦
2	3 Li 锂	4 Be 铍											5 B 硼	6 C 碳	7 N 氮	8 O 氧	9 F 氟	10 Ne 氖
3	11 Na 钠	12 Mg 镁											13 Al 铝	14 Si 硅	15 P 磷	16 S 硫	17 Cl 氯	18 Ar 氩
4	19 K 钾	20 Ca 钙	21 Sc 钪	22 Ti 钛	23 V 钒	24 Cr 铬	25 Mn 锰	26 Fe 铁	27 Co 钴	28 Ni 镍	29 Cu 铜	30 Zn 锌	31 Ga 镓	32 Ge 锗	33 As 砷	34 Se 硒	35 Br 溴	36 Kr 氪
5	37 Rb 铷	38 Sr 锶	39 Y 钇	40 Zr 锆	41 Nb 铌	42 Mo 钼	43 Tc 锝	44 Ru 钌	45 Rh 铑	46 Pd 钯	47 Ag 银	48 Cd 镉	49 In 铟	50 Sn 锡	51 Sb 锑	52 Te 碲	53 I 碘	54 Xe 氙
6	55 Cs 铯	56 Ba 钡	镧系	72 Hf 铪	73 Ta 钽	74 W 钨	75 Re 铼	76 Os 锇	77 Ir 铱	78 Pt 铂	79 Au 金	80 Hg 汞	81 Tl 铊	82 Pb 铅	83 Bi 铋	84 Po 钋	85 At 砹	86 Rn 氡
7	87 Fr 钫	88 Ra 镭	锕系	104 Rf 𬬻	105 Db 𬭊	106 Sg 𬭳	107 Bh 𬭛	108 Hs 𬭶	109 Mt 鿏	110 Ds 𫟼	111 Rg 𬬭	112 Cn 鿔	113 Nh 鿭	114 Fl 𫓧	115 Mc 镆	116 Lv 𫟷	117 Ts 鿬	118 Og 鿫

镧系元素	57 La 镧	58 Ce 铈	59 Pr 镨	60 Nd 钕	61 Pm 钷	62 Sm 钐	63 Eu 铕	64 Gd 钆	65 Tb 铽	66 Dy 镝	67 Ho 钬	68 Er 铒	69 Tm 铥	70 Yb 镱	71 Lu 镥
锕系元素	89 Ac 锕	90 Th 钍	91 Pa 镤	92 U 铀	93 Np 镎	94 Pu 钚	95 Am 镅	96 Cm 锔	97 Bk 锫	98 Cf 锎	99 Es 锿	100 Fm 镄	101 Md 钔	102 No 锘	103 Lr 铹

化学元素周期表 ▲

又是什么导致了不同元素的性质各不相同？很显然我们可以继续使用还原论的理念：既然不同元素拥有不同属性，这是一种复杂性，它们一定有更简单、更基本的构成单元，下一个问题便是：构成原子的更小基本单元是什么？

19 世纪中叶，科学家关于构成不同原子的更为基本构成单元的设想，是非常简单直接的，那便是氢原子。因为氢原子是质量最小的原子，而其他元素原子的质量几乎都是氢原子的整数倍，虽然并非是精确的整数倍，但这可以被认为是实验误差。把不同数量的氢原子结合在一起，就得到了不同种类元素的原子，例如把两个氢原子结合在一起就能构成氦原子，三个氢原子结合在一起则是锂原子，等等。这个简单的认知模型实际上并非那么有效，因为原子的质量并非由它们在元素周期表上的序号所代表，原子里除了质子还有中子。所以氢原子作为构成所有原子的基本单元，并不是一个有效的模型。例如氦原子虽然在元素周期表上排行第二，但它的质量是氢原子的四倍，这是因为氦原子中除了有两个质子以外，还有两个中子。那问题来了，如果只把两个氢原子结合在一起，质量是氢原子两倍的原子是什么？这个元素在元素周期表中不存在，氢和氦中间没有别的元素了。在中子尚未被发现的年代［中子是 1932 年由英国物理学家詹姆斯·查德威克（James Chadwick）在实验室中发现的］，这很显然是个巨大的谜团。

氢原子作为基本构成单元的简单模型失效，而真想知道原子由什么更基本的粒子构成，必须要了解原子的结构。换句话说，我们要知道原子里面到底还有什么东西。

英国物理学家詹姆斯·查德威克 ▲

查德威克当年进行中子探测的实验装置 ▲

电子的发现撕开了原子内部结构的缺口。英国物理学家约瑟夫·约翰·汤姆孙（Joseph John Thomson）于 1897 年在实验室中首次通过阴极射线发现了电子的存在。这是一种带负电荷、质量远小于氢原子的微小粒子，今天我们知道了，电子的质量大约是一个氢原子或者说一个

英国物理学家约瑟夫·约翰·汤姆孙 ▲

原子的布丁模型 ▲

质子的 1/1836。汤姆孙随即提出了原子的布丁模型（plum pudding model），说原子的结构就像一个布丁，电子就好像布丁上的葡萄干，带负电，镶嵌在原子中其他带正电的部分当中。而电子所带的负电数量刚好等于“布丁”部分带的正电电量，所以原子总体呈电中性。

但布丁模型很快就被新西兰物理学家欧内斯特·卢瑟福（Ernest Rutherford）用实验推翻了。1911 年，卢瑟福用氦核轰击金箔，对氦核散射的结果做了分析，发现了原子核的存在。卢瑟福用氦核（去除电子的、氦原子的原子核，虽然当时还没有原子核的概念，被称为 α 粒子）去轰击金箔，如果布丁模型是正确的，氦核应当部分反射、部分穿透，且穿透的比例应当与金箔的厚度反相关，然而实验结果却是十分令人意外的：只有极少量的氦核被反射回来，绝大部分穿透了金箔，还有少量的氦核偏转了运动方向。

这说明，金原子里大部分的空间是空的。氦核只带正电，而因为电子的质量远小于原子质量，所以氦核与电子的相互作用可以忽略不计，氦核与金原子里带正电“布丁”部分的相互作用才是占主导作用的，然而这种相互作用只在非常小的范围内发生，这对应于氦核的反射和偏转行为。大部分的氦核穿透了金箔，就说明氦核在大部分空间范围内，并不会与“布丁”部分发生相互作用。根据实验结果可以推算出，原子的正电荷只集中在原子中一个极小的范围内，这就是原子核的所在。原子里大部分空间是空的，原子核集中了原子的绝大部分质量，但只占据原子体积几百亿分之一的空间。原子的结构算是弄清楚了：原子由带正电的原子核与带负电的电子构成，正负电的数量相等，所以原子呈电中性，原子核聚集了原子的绝大部分质量，处于原子的中心处，并只占据原子极少的体积。物理学并不满足于了解成分，还要了解运动规律，那么下一个问题是，原子当中的电子和原子核是怎么运动的？这个问题的解答可以说是帮助建立了整个量子力学的研究框架，如不确定性原理、哥本哈根诠释、薛定谔方程等，具体在本书中不展开讲解（若读者诸君对量子力学的内容感兴趣，可以参考笔者所著《六极物理》中第四篇的内容）。

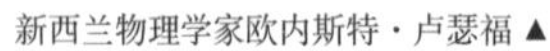

新西兰物理学家欧内斯特·卢瑟福▲

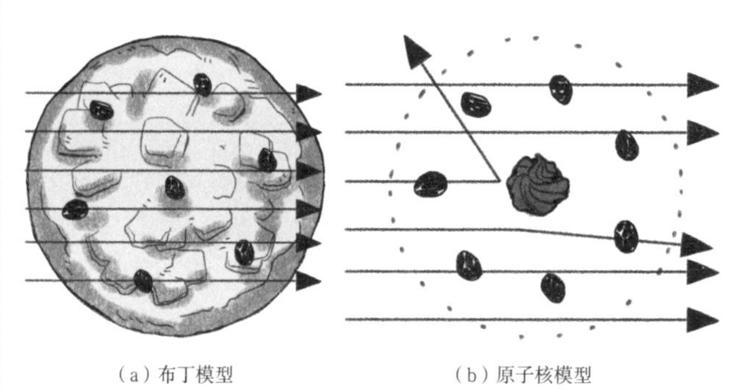

布丁模型与原子核模型的对比▲

追随还原论的理念，我们发现不同元素之所以拥有不同性质，是因为拥有不同的原子核，不同原子核的质量各不相同，带电量也各不相同，对应核外电子数量不同，电子分布的轨道也各不相同，正是不同的电子分布轨道导致了不同的化学性质。但问题依然存在，原子之间化学性质不同，是因为原子核不同，而原子核之间又为何不同？还原论告诉我们：一定是有更小的构成单元形成了不同的原子核。元素周期表上的元素序号其实是不同元素原子的原子核带电的数量。那么组成原子核的、更小的单元，应当带有单位为1的正电荷，这恰恰便是质子（proton），而质子也是卢瑟福在实验室中发现的。如果所有原子核中只有质子，而没有中子，我们的还原论基本可以算大功告成了："构成万物的基本单元找到了！那就是质子！"然而事与愿违，查德威克又在1932年发现了中子。现在构成原子更为基本的单元至少有了三种：电子、质子和中子。然而"祸不单行"，英国物理学家保罗·狄拉克（Paul Dirac）在1928年的时候即提出了反粒子的概念。在试图把爱因斯坦的狭义相对论融入量子力学的时候，狄拉克惊奇地发现，每一种基本粒子都应该存在与其对应的反粒子，这些反粒子的量子性质与原本的粒子相反。例如电子的反粒子叫正电子（positron），也译成阳电子。顾名思义，正电子的电荷是正的，但电量、质量、自旋等种种性质皆与电子相同。而正电子也在1932年被意外地发现了，从而证实了反粒子概念的正确性。

即便暂时不去管电子，我们也必须解释质子和中子有什么本质的不同。很显然，质子和中子的质量非常接近，然而质子带一个单位的正电荷，中子不带电，呈电中性。是什么导致了这两种粒子的差异？还原论的信念告诉我们，必然还有更基本的构成单元，它们不同的结合方式对应了质子和中子。

那是不是应该继续寻找组成质子和中子更加基本的单元呢？别着急，我们还需要先解决一个显而易见的矛盾点：质子是带正电的，而电荷的相互作用规律是同性相斥、异性相吸，电荷之间的吸引和排斥力叫静电力（electrostatic force，亦称库仑力）。氢原子的原子核仅仅是一个单一质子，但氢元素之后的元素，它们的原子核当中都有多个质子，按理说质子之间应当存在相当强烈的排斥作用，又是什么样的力量，使得具有如此强烈电磁斥力的质子和谐稳定地集中在原子核如此狭小的区域中呢？是中子吗？但中子是电中性的，它与质子之间没有库仑力的作用。为了解答这个问题，一种新的基本粒子被引入了：介子（meson）。介子的概念是日本物理学家汤川秀树（Hideki Yukawa）于 1935 年提出的。介子的质量介于质子和电子之间，它的质量大约是质子的六分之一。当然，我们后来知道了介子的种类很多，质量的范围也很大，也有比质子还要重得多的介子。只不过汤川秀树在提出介子理论的时候，介子还从未被发现过，他只是为了解释为什么多个质子可以克服强烈的电磁斥力稳定地结合在原子核中，并通过计算发现介子的质量应当是质子的六分之一左右。汤川认为，介子的存在是为了提供一种远比库仑力更强的吸引相互作用，这种吸引相互作用被叫作强相互作用（strong interaction），简称“强力”，之后也被称为“色力”。强力的强度要比电磁力强很多，是电磁力的 100 多倍，因而可以把质子和中子牢牢地锁在原子核内。但强力的力程非常短，汤川发明了著名的汤川势（Yukawa potential）来描述强力的变化规律：

$$V_{\text{Yukawa}}(r) = -g^2\frac{e^{-\alpha mr}}{r}$$

在汤川势中可以看到，强力的强度是随着距离呈指数级衰减的，也就是只要距离稍微远一点，强力的强度就变得可以忽略不计了。强力的有效作用范围就在原子核大小的范围内，这就是为什么我们在宏观世界看不到强力的效果，它甚至不会影响原子大小范围内（0.1~0.3nm）的物理过程，所以强力属于核物理，跟化学几乎毫无关系。当然，介子在1947年的时候被两位物理学家C.F. 鲍威尔（C.F.Powell）和朱塞佩·P.S. 奥奇亚里尼（Guiseppe P.S. Occhialini）在观测宇宙射线的过程中发现，且介子的一些特性也侧面验证了狭义相对论的正确性［时间延缓（time dilation）］。

介子的发现虽然解释了原子核稳定性的问题，但似乎离我们的还原论终极追求越来越远了，基本粒子越来越多，终极基本构成单元到底是什么呢？到20世纪50年代的时候，核物理已经获得了较为充分的发展，原子弹也试爆成功了。在这几十年的过程中，物理学家们发现了多种基本粒子，除了电子、质子、中子、多种介子以及它们的反粒子以外，还有那幽灵一般的中微子（neutrino），以及从宇宙射线中人们发现了各种各样的质量与质子、中子差不多的粒子。最后还有我们最熟悉的——光。就连光子（photon）也是一种基本粒子，爱因斯坦解释光电效应（photoelectric effect）的光量子假说以及普朗克对于黑体辐射（blackbody radiation）的奠基工作，都很好地说明了光的粒子性。按照质量划分，基本粒子有三类：重子（baryon）、介子、轻子（lepton）。重子包含质子、中子以及宇宙射线中发现的一些粒子，例如△粒子和Σ粒子，介子有若干种，轻子则包含如电子、μ 子、中微子等质量较小，甚至质量近于零的（中微子）粒子。

物理学家们致力于寻找构成万物的基本单元，结果越找越多，所以还原论的信念是错的吗？至少在当年的盖尔曼看来，还不至于此。这些基本粒子应当有更基本的构成单元，于是盖尔曼提出了著名的“夸克

（quark）”理论。实际上，启发盖尔曼想到夸克模型的依据并不复杂，基本上是个“鸡兔同笼”问题。

当时已经发现了 10 种重子和 8 种介子，如果要用更少量的基本粒子通过排列组合的方式构成这些重子和介子，盖尔曼发现只要 3 种就够了，这 3 种更基本的粒子就是 3 种夸克，分别被命名为上夸克、下夸克和奇异夸克。如果认为 3 种夸克结合在一起可以形成重子，则组合形式刚好是 10 种。

3 种夸克组合成 10 种可能的重子

夸克组成	电荷数	奇异数	重子种类
uuu	2	0	Δ^{++}
uud	1	0	Δ^{+}/p
udd	0	0	Δ^{0}/n
ddd	–1	0	Δ^{-}
uus	1	–1	Σ^{++}
uds	0	–1	Σ^{*0}
dds	–1	–1	Σ^{*-}
uss	0	–2	Ξ^{*0}
dss	–1	–2	Ξ^{*-}
sss	–1	–3	Ω^{-}

类似地，介子质量小，用 2 种夸克组合在一起也可得到相应的介子列表。

2 种夸克组成 9 种可能的介子

夸克组成	电荷数	奇异数	介子种类
$u\bar{u}$	0	0	π^0
$u\bar{d}$	1	0	π^+
$d\bar{u}$	–1	0	π^-
$d\bar{d}$	0	0	η
$u\bar{s}$	1	1	K^+
$d\bar{s}$	0	1	K^0
$s\bar{u}$	–1	–1	K^-
$s\bar{d}$	0	–1	$\bar{K}^0$
$s\bar{s}$	0	0	η

当然夸克的性质与先前发现的基本粒子大有不同，其中有一种属性，到今天也尚未清楚其定量的原因，那便是夸克永远无法独立存在，它必须以结合在一起的方式出现，这个现象叫作夸克禁闭（quark confinement）。那就有一件看似很矛盾的事情，既然夸克无法独立存在，就说明我们在实验室中无法获得一个独立的夸克。如果无法独立获得夸克，实验上又如何验证夸克的存在呢？

可以通过间接的方法来探测夸克。这就要回到最早如何发现原子核存在时用的方法了。当时卢瑟福用氦核去轰击金箔，然后研究氦核的散射情况。他发现只有一小部分氦核是反弹的，大部分穿过了金箔且有一些偏折的角度。因此他推测：原子不是布丁模型的结构，而是绝大部分质量集中在核心，原子核非常小。即便无法直接捕捉到夸克，也可以用类似的方法来证明夸克的存在。如果我们能证明质子或中子中确实有三个结构存在，那么也能推论出夸克的正确性。

夸克是这样被证明存在的：用能量极高的电子去轰击质子，结果发现电子的偏转方向有 3 个，这就证明质子当中确实有 3 个质量集中的团块。如果确认了团块的数量是 3，并且在质子和中子之内，比质子和中子更基本，那么其他的电性质、自旋性质大多是必然的导出了。

所以夸克已然是更小的基本构成单元吗？三种夸克就可以做到“三生万物”了吗？1974 年，发生了一件大事，后来被称为“粒子物理界 11 月革命”。华裔物理学家丁肇中，发现了一种非常奇特的介子，这种介子的质量非常大，几乎是质子的三倍，它的质量完全不像一个介子，却又是一种前所未见的新介子。这种介子后来被证明是由一种新的夸克和它自身的反夸克组成的，被命名为 c 夸克（charm quark），也称粲夸克。丁肇中也因为这项发现获得了 1976 年的诺贝尔物理学奖。随着实验水平的提高，之后又有两种新的夸克被发现了，它们是质量更大的 t 夸克（top quark，顶夸克）和 b 夸克（bottom quark，底夸克）。夸克是构成重子的，而轻子家族也有新的发现，例如性质和电子很像但比电子重很多的 μ 子，以及质量甚至接近质子质量 2 倍的 τ 子。μ 子和 τ 子也存在分别与它们对应的中微子：μ 中微子与 τ 中微子。

随着粒子不断增多，人类在粒子物理方面迄今为止被验证的最前沿的理论成就——标准模型也应运而生了，而标准模型却可以说是离还原论更远了。研究出标准模型的物理学家主要有三位，分别是史蒂文·温伯格 (Steven Weinberg)、谢尔顿·李·格拉肖 (Sheldon Lee Glashow)

和阿卜杜斯·萨拉姆 (Abddus Salam)，他们于 1979 年获得诺贝尔物理学奖。标准模型把人类迄今为止发现的所有基本粒子做了一次统合，给出了以下示意图。

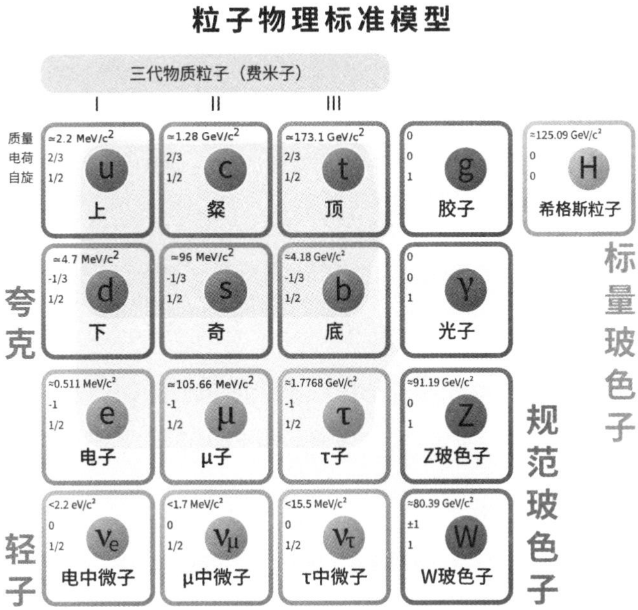

标准模型的示意图▲

这可以说是亚原子粒子（subatomic particles，意思是比原子要小的粒子）当中的“元素周期表”，总共 61 种。其中的最后一块拼图是 2012 年在大型强子对撞机（large hadron collider，LHC）对撞实验里被找到的希格斯粒子（Higgs particle），也被称作“上帝粒子”。它被认为是万物拥有质量的成因：所有基本粒子均是因为与希格斯粒子发生相互作用，才获得质量。无质量的粒子，例如光子、胶子均是因为不与希格斯粒子发生相互作用才显得不具有质量，且运动速度为光速，因此质量实际上可以被认为是对粒子运动的一种“阻碍”作用。

化学元素周期表里面描述了 110 多种元素，虽然在 92 号元素铀之后的元素是人工合成的，在自然界似乎并不能稳定存在。但即便如此，人类找到的比原子更基本的粒子也多达 61 种。似乎基本构成单元的数量并没有显著的减少。这 61 种粒子包含 6 种夸克（上、下、奇、粲、顶、底），每个夸克又可以携带 3 种不同的色荷（红、绿、蓝），所以夸克有 18 种，再算上它们的反粒子则有 36 种；6 种轻子（电子、μ 子、τ 子、电中微子、μ 中微子、τ 中微子），算上它们的反粒子则有 12 种；传递强相互作用也就是夸克之间产生相互作用的粒子叫作胶子（gluon），共 8 种，它们自己就是自己的反粒子；传递弱相互作用的 W^+、W^-、Z^0 玻色子，传递电磁相互作用的光子，加起来有 12 种；最后加上产生质量的希格斯粒子，那就是 36+12+12+1=61 种。

标准模型可以说是 20 世纪粒子物理学中最为成功的理论模型，因为它与实验的结果符合得非常好。但是标准模型还有不少没有解决的问题。甚至可以说，标准模型几乎一定是一个暂时性的理论。通常我们说一个理论足够基础，它的方程里需要靠实验测得的参数都非常少，例如万有引力定律里面只有一个参数需要实验测量：引力常量 G；描述量子力学系统的薛定谔方程只有一个参数需要实验测量：普朗克常量 h。即便是考虑了狭义相对论的效应，狄拉克方程也不过是两个参数：普朗克常量 h 与光速 c。而标准模型里需要通过实验测得的参数则多达 37 个。所以尽管标准模型与实验符合得极好，它注定不是个永恒的、长久的且足够基本的理论，它更像是一个人为特设（ad hoc）的经验性理论，而非天成的理论，离人们理想中“真理”的模样还差得很远。并且它只是对现有基本粒子做统合，就目前看它并未预测61种基本粒子以外的新粒子，例如夸克真的就只有6种吗？会不会能量等级上去了，又出现新的夸克？6种夸克之间，很明显根据物理性质划分，可以分为3代：上与下、奇与粲、顶与底。这些代际之间有何关系？标准模型也无法回答。

标准模型给我们的感受是，人类越往终极、基本去进行探索，似乎结果与还原论背离得越远。并且受限于实验条件，我们很难再通过制造能量更高的对撞机和加速器去把更小的结构在实验室里撞出来了。

真的要放弃还原论的信仰吗？既然在实验室里找不到，不如让我们在理论上，把还原论的思想推到极致吧！既然我们以往都是在做减法，不断寻找更小的构成单元，这条路看似充满荆棘，甚至有很多在当下看来根本无法解决的问题。不然就让我们假设减法已经做到头了，做加法看看？我们假设存在一种构成万物的最小单元，并赋予这种最小单元种种性质，然后在理论上赋予这些最小单元相互作用，看看是否能在理论上解释各种基本粒子的存在？这便是弦［理］论（string theory）。弦论认为，在实验室里找到的各种基本粒子，无非是弦的不同振动模式。这其实是一种非常创新且深刻的思想。弦论告诉我们，万物的存在并非是一种“实存”，而是一种状态。这就好比一个交响乐团，它在不演奏的时候，并不存在音乐，但是当它演奏起来，它可以是贝多芬也可以是莫扎特，只是视乐谱是如何谱写的，乐团本身并不重要，甚至不可被感知（如果一个人只通过听觉来感知存在的话），乐团所处的运动状态才是重要的、可被感知的。

弦论分很多种，但它们的共同基本假设是，构成万物最基本的单元是一种一维的结构，叫弦。既然叫“弦”，就能与琴弦做很好的类比。琴弦通过振动发出声音，声音频率的高低与弦的振动模式息息相关。一条弦以不同方式振动便可以发出高低不同的声音，便是弦所处的不同的振动状态。

弦论的核心思想虽然非常简洁，但它同样会遇到“越找越多”的问题。虽然在物质构成上简单了，但是它的“多”却体现在时空维度上。如果要用弦论解释如此多基本粒子的存在，也许用振动模式来类比显得很简洁。但除了基本粒子，我们还要解释粒子之间的相互作用。实际上说到底，存在与相互作用是不可分割的。如果没有相互作用，我们又如何感知存在呢？存在必然是经过探测才能验证的，然而探测的本质就是要发生相互作用。所以为了解释基本粒子，就必须要解释基本的作用力。例如我们曾经提到过夸克之间的强相互作用、主导核裂变的弱相互作用、主导电荷的电磁相互作用以及比它们都要更困难的引力。这四种相互作用是人类目前已经发现的相互作用，是否存在更多的相互作用？很难说不存在，例如关于“暗物质”的理论，就有很多研究方向涉及“第五种力”的概念。

弦论为了统合这些相互作用，把时空的维度大大增加了，不同的弦论会假设不同的时空维度，例如有 10 维的、11 维的，甚至有 26 维的。这些超越可观测四维（三维空间+一维时间）时空的维度叫作额外维（extra dimension），它们被弦论认为是极小的尺度，有些甚至小于理论可探测的最小尺度：普朗克尺度（10^{-35}m）。这些尺度在普朗克尺度中卷曲，因此我们只能认知到普通的四维时空。在弦论中，不仅需要额外维，多元宇宙的概念也衍生出来。多元宇宙的“越找越多”，可多了不是一星半点，而是多了 10^{500} 数量级的宇宙出来。当然，弦论也预测了更多的基本粒子，甚至结合了超对称理论的超弦理论（superstring theory），会把基本粒子的数量翻倍。虽然在理论上，超弦理论可以解释很多粒子物理中悬而未决的大问题，但弦论距离实验室的验证差了十万八千里。就目前来说，所有关于弦论的实验，均以失败告终。例如弦论预测磁单极子的存在，但磁单极子至今从未被找到。这也并非证伪了弦论，弦论的拥护者总是会认为，要在更高的能量等级才能看到弦论所预言的现象。但不论弦论未来是否会被实验验证，它已经在数学方面做出了许多非常重要的贡献。例如弦

张首晟教授（左）与著名数学物理学家爱德华·威滕（右）以及著名数学家、投资家吉姆·西蒙斯（Jim Simons）（中）▲合影

论奠基人之一的爱德华·威滕（Edward Witten），甚至因此获得了数学最高奖，菲尔兹奖。

除弦论之外，还存在一些其他的、追求终极的理论，例如超对称理论。所谓超对称理论，就是假设每一种基本粒子，都存在一种与其对应的“伙伴”粒子，这些基本粒子的伙伴粒子都具有完全相同的物理性质，只是统计规律正好相反。例如电子是费米子，超对称理论则认为存在一种玻色性的电子，它与电子具有相同的质量、电荷以及其他物理性质，只不过它是玻色子，而非费米子。超对称理论之所以会诞生，是因为如果我们假设它们存在，粒子物理当中的一些大问题，例如“等级问题”，都能被自然而然地解决。结合了超对称理论的弦论，便是著名的“超弦理

本书编写小组成员、首晟夫人余晓帆（左），首晟（右）与首晟的博士生导师彼得·范·纽文惠曾（中），于1987年纽约州立大学石溪分校毕业典礼合影 ▲

论”，建立在超对称理论基础上的，还有超引力理论。超引力理论是结合了超对称理论与广义相对论的物理学理论。而值得一提的是，超引力理论的发明人之一，荷兰理论物理学家彼得·范·纽文惠曾（Peter Van Nieuwenhuizen）正是首晟在纽约州立大学石溪分校攻读博士学位时期的导师。

我们可以看到，人类追求终极的研究方向，就目前看来最为主流的，一贯是沿着还原论的方向在努力着：不断追求更小、更基本的方向。但其实这一方向在前进的过程中也不断面临各种挑战和尴尬，例如前面说到的，基本粒子越找越多。甚至连弦论这样的万物理论，也陷入“越找越多”的窘境。但我们依然没有放弃还原论的信念。既然基本粒子那么多，一定有更基本的结构来组成它们。这一信念最终正确与否，虽然我们不得而知，但摆在我们面前的现实却是：即便最终答案确实符合还原论的追求，但这一答案又是否能为人类所窥探呢?

第3章 还原论的困境

还原论的思想是人类认识世界最基本的方式，这几乎成了一个不证自明、人人认可的公理。大的东西由小的东西构成，整体由局部构成，复杂的东西由简单的东西构成。所谓复杂，无非是简单的东西多了就成了复杂。但还原论真的是世界的底层真相吗？一个哲学思维实验可能会提出一些异议，那便是著名的“忒修斯之船”。生活在古罗马时代的希腊作家普鲁塔克（Plutarch，约46—约120）曾提出，如果忒修斯（传说中的雅典国王）的一艘船上的木头被逐渐替换成新的，直到

忒修斯之船▲

所有的木头都被换过一遍，那这艘船还是原来那艘吗？如果要用现代物理的观点阐述这个问题，则是：组成这艘船的所有原子全都替换一遍，这艘船还是原来的船吗？

忒修斯之船？▲

如果是秉承还原论的观点，毫无疑问，即便组成这艘船的所有原子都换成了新的，这艘船就是原来那艘船。原子没有新旧之分，因为有“全同粒子（identical particle）”的概念。例如两个电子发生对撞，A 电子从左往右运动，B 电子从右往左运动，碰撞之后，两个电子相互弹开，分别又向左方和右方飞去。这时你无法说明经历碰撞以后向左飞和向右飞的粒子具体是 A 电子还是 B 电子，因为这两个电子是全同电子，我们无法用任何属性来区分彼此。也就是在全同粒子的情况下，把粒子分彼此是毫无意义的，因为没有用以判别的依据。当然，由于有全同粒子的概念，在做统计力学的时候，会把不同的情况都算进去 [配分函数（partition function）]。

用还原论的思想结合现代物理解释忒修斯之船似乎很方便，但如果我们把船换成生命体，换成人呢？如果组成人体的所有原子都换成了新的，你还是原来的你吗？其实根据生物学的研究，组成人体的细胞，可能除了脑细胞，大概每过 9 年左右，就会全面更新一次。那岂不是说人体的情况跟一艘船也没什么区别？那让我们再探讨得深入一些，假设现在有一种技术，可以完全复刻一个跟你一模一样、连记忆都完全一样的二重身。那这个被复制出来的你还是原来的你吗？也许只是对你来说，这个复制人并不是你，但是对于我们外在的观察者来说，我们完全无法区分哪个是你，就好像《西游记》当中的六耳猕猴一样，连唐僧、八戒甚至众仙家都无法确认他是不是悟空，最后还得靠如来佛祖辨别真伪。

我们再进一步，如果在复制你之前，你被麻醉了，失去意识，再复制一个一模一样的你，然后原本的你被销毁了。这个被复制的你醒来以后，他完全会认为他就是你，只是自己睡了一觉而已。而对于你周围的旁观者来说，也根本不会有任何怀疑。很多影视作品其实都展现过对这一问题的戏剧演绎，如诺兰的《致命魔术》、施瓦辛格主演的科幻片《第六日》，以及英国科幻短剧集《黑镜》。其中《第六日》当中有个桥段一针见血地点出了这个问题：反派因为受伤即将死去，为了延续生命他立刻安排克隆自己，把自己的意识复制到另外一具新的肉体上，并且在此前该反派已经如此被“复活”过若干次了。电影里的克隆过程是必须先让本体死去，才能唤醒克隆人，这样对于克隆人来说，不过就跟睡了一觉一样，肉身和意识继续存在。但剧情中由于时间紧迫，克隆人在反派还没有死去时便已醒来，这时反派非常生气地说了一句话：你为什么不等我死了再醒来？结果克隆人还把反派给干掉了。这其实便是全片最大的亮点：人类的意识本质上到底是什么？如果是死物，非生命体，还原论似乎是理所当然的最为简单直接的认知方式。但当涉及生命体，涉及意识，尤其是人类作为主观观察者的时候，单纯用还原论，真的能解释人类的自我意识作为一种物理现象而存在吗？它的本质是什么？机制又是什么？因此，当我们考虑的并非物理学，而是涉及拥有主观意识的观察者本身的时候，我们似乎都能感受到还原论所带来的一丝不适感，它似乎是否认自由意志的。

物理学是研究万物运行规律的学科，物理学是实验科学，一切物理学理论必须经受物理学实验的检验。而实验结果追求的是定量层面的精确，这是因为数学是物理学运行的语言。物理理论必须要在定量层面对物理现象进行计算和预测，再通过实验进行定量的检验。理论物理学的重大突破往往伴随着新数学的发明，例如牛顿在研究天体运动、万有引力定律的时候发明了微积分；广义相对论的发明需要对黎曼几何有深刻的理解；线性代数、抽象代数、群论、群表示论则是量子力学、量子场论的根基数学工具。

然而数学本身，基本上是贯彻还原论的。相信大部分人小时候学习数学都是从加减乘除四则运算开始的。四则运算本质上就是还原论的直观体现，因为 1+1=2。2 作为一个更大的整体，可以表示为更小的部分，两个 1 之和。而这几乎是数学领域的根基，不论是数学分析、代数，还是几何、数论，1+1=2 的还原论基本逻辑都可以称为其基础。例如数论，就是建立在四则运算基础上的。其他的例如微积分，粗略地理解便是求一条曲线下方的图形面积，它的基本思想是先把不好算的对象进行微分拆解，拆成好算的，分别算出来以后再加起来。

数学这个学科本身，它的推理和逻辑运行过程也是充满还原论色彩的。数学的推理过程是从一系列公理（axiom）出发，经过演绎推理从而得出各种结论。例如欧几里得几何，它的出发点就是五大公设：一、从一点向另一点可以引出一条直线；二、任意线段能无限延伸成一条直线；三、给定任意线段，可以以其一个端点作为圆心，该线段为半径作一个圆；四、所有直角都相等；五、若两条直线都与第三条直线相交，并且在同一边的内角之和小于两个直角，则这两条直线在这一边必相交。这五大公设都是公理，即无法用逻辑证明。只有大家都同意这五大公设，才能进行欧几里得几何的推理。其实这五条公理，除了第五条以外，前四条几乎都是如同定义一般的直观事实陈述，宛如“正确的废话”一般。只有第五条的叙述略显复杂，其实它有另外一个简单的陈述，便是“平行线永远不相交”。因此若非追求严谨性，我们甚至可以说，欧几里得几何是基于一条“平行线永远不相交”的公理，推理出来了几千个平面几何领域的定理。

庞大的数学理论大厦便是建立在这些基础的公理之上的。少数的公理就好像建成数学大厦的砖块。1920 年，德国著名的数学家大卫·希尔伯特（David Hilbert）说出了所有数学家的终极梦想，也叫“希尔伯特计划（Hilbert program）”，那就是证明数学的完备性。希尔伯特计划的具体内容有几条，但总体上，它的目标是给全部的数学提供一

德国数学家大卫·希尔伯特 ▲

个安全的理论基础，使得所有数学可以被形式化。也就是所有的数学应该被一种统一的、严格的形式化语言所表述，并且这套形式化的语言要满足完备性，即数学里所有的真命题都可以通过这套形式化的规则被证明；还要满足一致性，即这套形式化的规则内部必须是自洽的，不能推出自相矛盾的结论。用比较直观的语言说则是，希尔伯特是想建立一套完备的数学形式语言，使得所有数学命题都可以做到从若干条公理出发，经过这套形式语言的逻辑推理，便可被证明或证伪。这样的一种追求其实多么像粒子物理学家所追求的终极：通过找到所有基本粒子，即所有不可分割的最小物质单元，以及它们之间的相互作用规律，从而解释一切物理现象。从今天的观点来看，不难发现 20 世纪初，不论是数学家还是物理学家都显得格外地雄心勃勃：数学家想要完成数学大厦全部基础的建设，而在量子力学和相对论诞生前的物理学家们，则认为物理大厦即将被建成（除了上面飘了两朵乌云[①]，为了消除这两朵乌云，直接导致了相对论和量子力学的诞生，其影响几乎相当于把当时的物理大厦推倒重建了）。但很快，希尔伯特的这一野望，就从逻辑上被证明是无法达成的了。

1931 年，著名逻辑学家、数学家以及哲学家柯特·哥德尔（Kurt Gödel）发表了著名的“不完全性定理（incompleteness theorem）”。希尔伯特计划的追求是使得所有数学真命题可以被自洽地囊括到一个体系当中，这个体系当中只有若干个有限的公理，经过一套形式逻辑的推导可

① 所谓物理大厦上的两朵乌云，第一朵乌云指的是迈克尔孙·莫雷干涉实验与以太漂移学说之间的矛盾，这朵乌云的解决直接导致了狭义相对论的诞生；第二朵乌云是指黑体辐射问题，这个问题的解决，直接导致了量子力学的诞生。

以证明所有这些真命题。而哥德尔不完全性定理却恰恰告诉我们，这一任务无法做到，因为那些无法被证明的但验证起来总是为真的公理有无穷多个。当然哥德尔不完全性定理的严格表述并非如此简单，我们此处为方便理解，只把重点放在公理的个数上。哥德尔不完全性定理的核心信息之一就是这样的公理存在无穷多个。有很多著名的猜想，如哥德巴赫猜想、黎曼猜想，几百年过去了，这些猜想至今没有被证明，说不定它们本身就不是可被证明的，也许它们本身就是公理。那么又正如庄子所说："吾生也有涯，而知也无涯，以有涯随无涯，殆已。"用有限的时间和精力，又如何能窥探真理之无穷呢？

哥德尔不完全性定理似乎从逻辑上说明了，如果用还原论的追求去看待数学，必将是无穷无尽的。这就导出了一个矛盾：大部分数学的规则明明是符合还原论的（2=1+1），其追求也符合还原论的追求，但到头来，数学本身却并非还原论的。即我们沿着还原论的思想求索，却根本看不到尽头。数学是物理学的形式语言，而数学是还原论的，则我们的理论物理，也流淌在还原论的语言之上。但若万物运行的规律本身并非彻底的还原论，那是不是表示，我们沿着这条道路去探索，终究是无法窥探终极呢？

在数学中，时常也会出现一些奇特的、反还原论直觉的结论，把它应用到物理学中，能得到一些有趣的结果。例如，所有自然数之和：1+2+3+4+⋯=−1/12。这是非常反直觉的、惊人的数学结论。所有自然数之和，直觉上应当是无穷大，但通过复变函数中解析延拓（analytic continuation）的办法，居然可以得到所有自然数之和为一个负数的奇怪结论。它的物理意义暂且不去讨论，但把它应用到玻色弦理论（bosonic string theory）中，就能以极其简洁，甚至近乎粗暴的方式得出：宇宙的时空维度应当是 26 维。

数学和物理学当中也存在很多用当前的数学无法完全解决的问题，例如非线性动力学（non-linear dynamics）和混沌系统（chaotic system）。流体力学中的湍流现象可以说是典型的非线性动力学问题。对于流体力学的动力学研究主要是要解纳维 - 斯托克斯方程（Navier-Stokes equation），这个方程在 19 世纪就已经被写下：

$$\frac{\partial \rho}{\partial t} + \nabla \cdot (\rho \mathbf{u}) = 0$$

然而过了 100 多年，这个方程至今无法求解，甚至连求数值解都并非易事。数学上的原因是里面有一个代表流体黏滞阻力的项，这使得整个方程变成了非线性方程。非线性的特征使得方程变得异常敏感，不用说没有明确的解析解，即便是有数值解，这种敏感性也会使得误差被迅速放大。因为数值解的基本原理是通过不断迭代并缩小误差，使得数值解可以收敛逼近真实解。但非线性方程的敏感性会使得这种误差被快速放大，无法收敛逼近真实解。所以说起来有点骇人听闻，飞机为什么会飞上天，它的定量原因我们至今尚不清楚，只是定性地知道飞机的升力部分来自伯努利定理，而具体的定量分析，我们只能用大量的风洞测试和计算机数值模拟给出半定量半定性的分析。因为飞机飞行过程中与空气的相互作用，其中的空气动力学问题，几乎就是要面对如何处理湍流，而湍流又几不可解。

与湍流问题类似的还有著名的三体问题。因为刘慈欣的科幻小说《三体》，三体问题拥有很高的知名度。三体问题，最早其实是研究太阳、地球、月球三个天体之间的相互作用。这三个天体的质量差异较大，所以有较为稳定的轨道，月球主要受地球引力的影响，而地月系统作为一个整体，主要受太阳引力的影响。但如果三个天体的质量相当，两两之间又有相当的万有引力，则这三个天体的轨迹就会变得难以预测。其预测性低的原因跟湍流问题基本类似，因为有三个万有引力方程，在求解的时候会发现这其实是个非线性方程组。整个系统对于初始条件异常敏感，一旦有一些偏差，未来运动轨迹则可能产生巨大的差异。这种敏感性使得在作数值求解时，误差不收敛，无法逼近真实解，因此变得不可预测。

混沌系统也是一个让人异常头疼的领域。例如，气象系统就是一个标准的混沌系统。天气系统的敏感性可以由著名的“蝴蝶效应”来描述：1961年的冬天，美国数学家、气象学家爱德华·诺顿·洛伦茨（Edward Norton Lorenz）用电脑程序来计算他设计的一个模拟大气中空气流动的数学模型。在进行二次计算的时候，他本想图省事，直接从程序的中段开始执行，输入的是第一次模拟列印出来的数据，结果却得到了与第一次计算截然不同的结果。经过检查，他发现第二次从程序中段输入的数据，与第一次的中段数据只差了0.000127。万分之一的误差，居然导致了南辕北辙的结果。因此洛伦茨提出了著名的蝴蝶效应：一只蝴蝶在巴西轻拍翅膀，可以导致一个月后美国的一场龙卷风。这也充分体现了混沌系统的敏感性和不可预测性。但这里的不可预测性，与量子力学中不确定性原理的不可预测性有着本质的区别。无论从还原论的角度看还是从微观机制上看，混沌系统是完全拥有确定性的系统。气象系统的微观组成单元无非是各种气体分子，而每个分子的微观属性都是确定的，且分子与分子之间的相互作用也完全是确定的（并不涉及量子力学的随机性），基本满足牛顿定律。从微观机制上看，气象系统作为一个混沌系统，它从原理上完全是不具有随机性的确定性系统（deterministic system），然而从微观组分的性质，我们并不能推出气象系统作为一个整体的性质。这种“无能为力”是不是恰恰说明了还原论至少在实际操作层面有缺陷呢？

蝴蝶效应▲

通过这些案例，不论是数学中的还是物理学中的，我们会发现还原论存在着种种困境，但似乎还原论又是我们认知世界最基本的方式，我们的数理理论也大多建立在还原论的认知基础上。除了还原论，我们还有什么定量的办法能够认知世界呢？从苏联伟大的物理学家列夫·朗道（Lev Landau）给出的超导唯象理论（phenomenological theory）中，我们似乎可以看出一些端倪。

超导即电阻为零的现象。我们在中学都学过，电流是带电粒子的定向运动，例如电子在电场的作用下于金属导线中发生定向运动，便形成了电流。然而在运动过程中，电子会与金属导线中的其他原子甚至是晶格结构发生碰撞，这种碰撞会把电子的动能以热能的形式耗散掉，因此必须要加电压才能维持电流，否则电子的动能很快就都耗散成热能了。这就是为什么通电的电线会发热。这种对带电粒子动能的耗散现象体现为电阻。而对于超导体来说，这样的耗散是不存在的，电流在输运过程中，并不会经历这样的热耗散，因此超导体当中电压为零。

荷兰物理学家海克·卡末林·昂内斯▲

超导现象是1911年由荷兰物理学家海克·卡末林·昂内斯（Heike Kamerlingh

Onnes）于实验室中发现的。昂内斯尝试用当时刚刚能生产的液氦把水银的温度降至 4.2K（约 -269℃），并惊奇地发现水银在这个温度下电阻居然直接消失了，并且电阻并非逐渐减为零，而是直接跳跃式地消失了。类似的神奇物理现象还有超流体。所谓超流体，粗略地理解，便是没有内部摩擦，一旦运动起来便不会停止运动的流体。

超流和超导的形成机制在当时一直是个重大的谜团。如果从微观组分来看，在 4.2K 温度下形成的超导，其微观组分无非是汞原子，而 2.2K 温度下形成的超流体其组分无非是氦原子。但是如果只用这些超导体和超流体的基本构成单位写下它们所满足的方程，再把它们组合起来，是无法从理论上理解和解释超导和超流现象的。最早对于超流和超导现象进行较成功解释的便是朗道。然而朗道用来解释超流和超导现象的理论并非微观理论，即朗道并非对组成超流和超导体的微观粒子进行描述。朗道的理论是唯象理论，并不关心研究对象是什么，只是对研究对象进行单纯的现象描述。可以说这是一种半定性、半定量的描述方式。但用于描述超流和超导的物理现象，它们确实拥有一定的解释力和预测能力，朗道也因为超流

超导材料体现出完全抗磁性达到磁悬浮效果▲

在极低温度下的液氦形成超流体▲

体的理论工作获得了 1962 年的诺贝尔物理学奖。

我们以朗道关于超导的理论为例，这个理论叫金兹堡－朗道理论（Ginzburg-Landau theory）。为了更好地理解该理论，需要铺陈一条物理学当中的原理：能量最低原理（principle of minimum energy）。该原理所表述的是：任意一个物理系统，其稳定状态一定对应其能量最低的状态。例如一个酒瓶，当酒瓶站立的时候，轻轻一推，它很容易便倾倒了，但如果是一个本身就倒着的酒瓶，你轻轻推一下，它是无法自动站立的，最多原地晃动几下。从能量最低原理的角度来看，是因为酒瓶在倒着的状态时，重心低，相比于站立时高重心的状态，重力势能更低、更符合能量最低原理的需求，因此倒着的酒瓶比站立的酒瓶更稳定。一切物理系统均遵循这个规律，只不过不同类型的物理系统有不同的表述方式。例如针对一个满足统计规律的热力学系统，它满足自由能最低（minimum of free energy），而如果是一个量子场系统，它满足作用量最低（least action principle）。很显然超导系统是一个满足统计规律的热力学系统，超导现象的出现便是要把温度降到临界温度以下，当然温度是系统的一个参数时，该系统基本上可以被认为是一个满足统计力学规律的热力学系统。所以朗道的理论是建立在自由能最低的基础上的。所谓自由能的概念，它写作 $F=E-TS$，F 是自由能，E 是总能量，T 是温度，S 是系统的熵（entropy）。粗略地理解，可以把自由能当成系统的总能量刨去热量之后，所剩下的“有用能”。

金兹堡－朗道理论是用唯象的办法写下了系统的自由能，并论证当温度在临界温度附近的时候，系统的表现会有显著的差异。

$$f = f_{n0} + \alpha|\psi|^2 + \frac{\beta}{2}|\psi|^4 + \frac{1}{2m^*}\left|\left(\frac{\hbar}{i}\nabla - \frac{e^*}{c}\mathbf{A}\right)\psi\right|^2 + \frac{H^2}{8\pi}$$

自由能的公式 ▲

该理论描述的对象并非组成超导的基本单元氦原子，而是一个抽象的概念——序参数（order parameter），即公式中的 ψ。ψ 可以被理解为表征超导现象是否存在的指标。如果 ψ 不为零，则说明超导现象存在，反之则说明系统并非处在超导态，而是普通的导体状态，而 ψ 的数值大小基本上代表了超导现象的显著与否。

该公式中，f_n 代表的是除去超导的部分以外，系统处在普通状态下的自由能。则总自由能便是系统处在普通状态下的自由能加上系统处在超导状态下的自由能。这个公式里的关键，是朗道试图论证超导系统的自由能必然处在一种正比于序参数平方与四次方之和的数学形式当中，它们的贡献通过 α 和 β 两个参数来表示。公式中的最后两项分别是超导的动能以及与电磁场的相互作用能以及电磁场本身的能量，因为超导的性质属于电磁属性，系统自由能里必然包含电磁场的有关信息。

下一步就很清晰了，根据能量最低原理，系统的稳定态对应于自由能 f 处在最低的状态。大一微积分课告诉我们，直接对 ψ 求一阶导数，并让其等于零就会得到一个简洁的公式：

$$\alpha\psi + \beta|\psi|^2\psi = 0$$

解这个方程，就知道 ψ 应该等于多少，很显然，ψ 等于 0 是一个平凡解（trivial solution）。这对应于系统处于普通状态，没有超导，只是普

通导体。但是很显然这个方程有另外一个非平凡解，那便是

$$|\psi|^2 = -\frac{\alpha}{\beta}$$

$|\psi|^2$ 必须是大于等于 0 的，所以如果 $-\alpha/\beta$ 大于零的话，ψ 可以不为零，则超导现象存在。由于 α 和 β 是两个参数，我们可以调节它们的形式和大小。所以朗道继续论证，如果 α 这个参数是正比于（T-T_c）的形态，就能解释超导现象了。T 是系统的温度，T_c 是超导现象发生的临界温度。如果温度高于临界温度，则只有 ψ=0 这一个解成立，系统处在普通态，而如果温度低于临界温度，ψ 便可以拥有非零解，超导现象便会出现。

这就是朗道关于超导现象的唯象解释，通篇没有去探讨超导是什么，而是仅仅对现象进行描述，并给出了大致的数学规律。笔者初学这个理论的时候，会惊讶于该理论的过分简单，简直如同玩具一般，只不过是想要描述实验现象，就硬“凑”了一个理论出来，这样的理论居然也能拿诺贝尔奖？当然，这世界上没有荒谬的结论，只有荒谬的论据。朗道的超导理论虽然看上去过分简单，但它却拥有比较强的解释力以及预测能力。它在超导的多项物理特性上都做出了预测，并与实验符合得不错。因此尽管简单，甚至过分简单了，但它的解释力却并不弱。朗道的理论并非超导研究的终极理论，它毕竟还是缺少对超导现象微观机制的认知。解释超导现象第一个成功的微观理论，是于 1972 年获得诺贝尔物理学奖的 BCS 理论。BCS 是三位物理学家姓氏的首字母组合，即 Bardeen、Cooper 和 Schrieffer。关于该理论的具体内容，我们留在第二篇梳理凝聚态物理发展过程的篇章中再详细描述。

十分值得关注的是，朗道这套唯象理论用来产生超导的机制，实际上与希格斯粒子使得所有基本粒子获得质量的机制几乎一致，里面也涉及了对称性自发破缺（spontaneous symmetry breaking）。具体的过程我们留到后文详述，但此处我们想提醒，这其实指出了一条有别于还原论思想的研究方向，那便是涌现（emergence）。

还原论的思想告诉我们，研究万物规律的终极，是不断把物体拆分得更小，寻找最为基本的、构成万物的最小单元，是在不断地做减法。朗道的唯象超导理论是解释宏观物理现象的理论，希格斯机制是解释微观物理现象的理论，这两个理论所描述的对象尺度上存在巨大差异，但机制却惊人地一致。而我们认为希格斯粒子本身已经是一种基本粒子了，但超导现象却建立在庞大数量微观粒子所组成的系统之上。如果要从本体论的观点来看，这两个物理系统简直有天壤之别，那又为何会有如此类似的运行机制呢？会不会希格斯粒子本身也并非真正意义上的基本粒子，它不过是其他一些类似于超导的复杂系统中所“涌现”出来的“序参数”呢？就好比一盆肥皂水，我们不搅动它的时候，它就跟普通的水没有什么区别，但是一旦搅动它，就会出现肥皂泡。超导就像这盆肥皂水上产生的肥皂泡。希格斯粒子甚至于其他的一些基本粒子，会不会也像肥皂泡一样，只不过跟超导这种宏观现象比起来，它是换了一盆不同尺度、不同性质的肥皂水呢？一旦有了这种思想，我们马上会发现一条有别于还原论的思路：相比于不断做减法，不如试试做加法。还原论认为，复杂的东西由简单的东西构成，而超导现象则告诉我们，复杂的东西当中也有可能涌现出简单的东西。至少朗道用来描述超导的序参数就是一个自变量 ψ 而已。并且这种由复杂产生的简单，未必能通过还原论构造微观理论得出。一旦开始往这个方向思考了，就会发现我们日常生活当中也有很多这样的案例。例如前文提到的天气系统，尽管它作为一个混沌系统极其复杂，对初始条件极其敏感，几乎无法精确预测，但就日常生活的体感来说，我们能遇到的天气无非是晴天、阴天、雨天、雪天、雷电、风暴天等若干种。只不过不同的天气种类之间参数有定量的差异而已，同样是雨天，降雨量可变。这同样是复杂系统给出简单现象的案例。

我们终于来到本书要探讨的主题了，这是一本关于凝聚态物理的书。凝聚态物理，英文是condensed matter physics。顾名思义，就是研究凝聚态物质的物理。与凝聚的物态相对应的便是分离的物态，传统意义上的物理学所研究的大多为分离的物态。我们在学习物理学的时候，通常研究的对象都是处在理想状态的对象，例如光滑、无摩擦，把物体抽象成一个只有质量没有大小的质点；研究原子物理是研究单个原子的性质，研究粒子物理是研究单个基本粒子，最多是少数粒子相互碰撞。而现实世界中，这些基本粒子几乎不会以极少数甚至是单个的情况存在，现实中的物理系统大多由大量粒子构成。凝聚态物理研究的恰恰是这些粒子以极大的数量聚合之后形成的宏观系统会有什么样的性质。例如晶体，其实是原子以规则的几何规律排列结构而成的物质形态，通过对晶体进行研究能发现各种奇特的性质，例如能带结构决定了该物体是导体、绝缘体还是半导体等。即凝聚态物理的研究对象天然是多对象的，是复杂的，然而在复杂的系统中，我们需要去寻找相对简单的、可被认知的、可被预测的规律和特性。凝聚态物理在早期确实会给人一种感觉，那就是在研究材料，感觉是一个非常强调应用的领域，属于应用物理。但从前述超导体的唯象理论中我们也看到了，凝聚态物理的研究，它其实从认识论上给我们提供了一条全新的、有别于还原论的思想路径：多，即不同。

多，即不同

（“More” is different）

第 4 章 》》》》 量子力学

凝聚态物理，固然是研究处在“凝聚”状态的物质——让我们环顾四周，基本上看得见、摸得着的东西，无一不是处在一种凝聚状态的物体：不论是一个苹果还是一杯水，抑或是天上的太阳和月亮，无一不是由大量微观粒子组成并处在一种大量微观粒子凝聚在一起的状态。难道它们都是凝聚态物理研究的对象吗？并非如此。在现代物理的语境下，凝聚态物理主要研究的是那些主要由量子力学规律所主导的物理对象。如果物体的性质并非主要由量子力学的规律所主导的话，通常都存在其他学科分支对其进行研究。但如果光说量子力学，也还是太过宽泛，例如太阳。太阳作为一颗恒星，很显然它属于天体物理的研究范畴，并且由于太阳对于人类来说太过特殊，它不仅是离我们最近的恒星，太阳本身的活动也会从各个方面影响地球的命运进而影响全人类的命运，因此研究太阳本身而非所有恒星，也是一门单独的学科。而太阳会发光发热是因为核聚变，核聚变又属于核物理和粒子物理的研究范畴，而主导核物理和粒子物理的基本规律，依然是量子力学。所以如果要明确现代凝聚态物理研究对象的范畴，我们必须进一步对其进行描述，明确凝聚态物理的研究对象。

我们知道量子物理研究的是微观尺度的物理规律，有多微观呢？在第一篇我们谈到，万物由原子构成，原子内部的物质运动规律很显然满足量子物理的规律，例如原子中电子围绕原子核的运动满足薛定谔方程的描述。原子核的性质虽然也满足量子力学的规律，但它已经属于核物理的研究范畴，而更小的质子、中子以及组成它们的更小的夸克则属于粒子物理的研究范畴。凝聚态物理则至少是在原子核之外，目前并不涉及原子核以及更小的构成单元。原子核之外的物理规律有哪些呢？如果把不同的原子放在一起，它们有机会发生化学反应，例如把碳原子和氧原子放在一起，它们有机会发生氧化反应，生成一氧化碳和二氧化碳。如果不从化学反应的角度而是从量子物理的角度来看，碳原子与氧原子结合在一起，本质上是电子的波函数发生了变化。原本在碳原子和氧原子相互独立的情况下，

二氧化碳分子中，电子云的结构 ▲

电子们只是分别围绕碳原子核与氧原子核形成了各自波函数的形态。但是当氧化反应发生，碳原子与氧原子结合，它们各自的原子核依然是互不相关的，只不过它们的外层电子变成了同时围绕碳原子核与氧原子核，形成了新的波函数分布，与分离状态时各自为政的波函数相比，发生了显著的变化。

如果用化学中化学键的描述语言，会说这种氧化物当中形成了共价键（covalent bond），但如果从量子力学的角度来看待化学键，它不过是用一种“打包命名”的方式来描述波函数的形态：把一团波函数抽象成了两条横线。

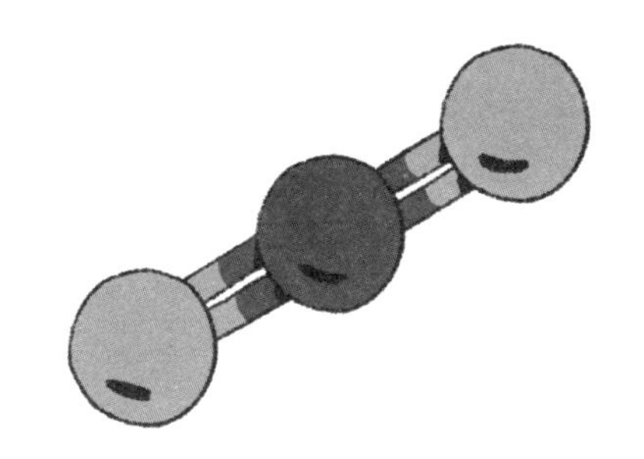

二氧化碳中，氧原子与碳原子的外层电子形成共价键 ▲

但如果我们不用化学语言去描述化学反应，而是针对每个化学反应都强行用量子物理中波函数的描述方式去求解薛定谔方程，不仅计算量庞大，效率也十分低下，对于研究化学反应的规律是吃力不讨好的，甚至这种计算也只是原则上可以进行，实际操作层面甚至全然不可解。因此，凝聚态物理在大多数情况下也不涉及化学反应。这样一来，凝聚态物理的研究范畴就比较好描述了。首先，从大的方面来说，凝聚态物理研究的是那些由量子力学所主导的物理现象和物理过程，并且它的尺度大约是在原子核之外，化学反应之内。也就是说，凝聚态物理研究的物质形态，其形成过程一般是不包含化学反应的。在这个尺度之内，会出现什么神奇的凝聚态物理现象呢？让我们先来了解一些。

玻色－爱因斯坦凝聚

玻色－爱因斯坦凝聚（Bose-Einstein condensation），是当系统温度降低到十分接近绝对零度时的一种特殊物质形态。为了理解这种特殊的物质形态，我们必须要了解一些统计物理和量子物理的基础知识。首先，基本粒子依据其统计规律都可以分为两种，即玻色子与费米子（fermion）。其次，量子力学中有一条泡利不相容原理（Pauli exclusion principle）。

所谓费米子，即满足泡利不相容原理的粒子，而玻色子则不满足泡利不相容原理。泡利不相容原理说的是在任何一个满足量子力学规律的物理系统中，同一个物理状态不能拥有超过一个费米子。我们把一个量子物理系统中粒子可能所处的不同状态想象成一个个不同的“坑”，那么泡利不相容原理说的就是这一个个不同的坑当中，只能放一个费米子，再来一个费米子就放不下了。这是一个非常奇怪的性质，我们无法说明为什么会存在这种现象，因此这是一条“原理”，即无法通过推理进行证明，只能通过实验对其进行验证。

虽然这条原理看上去非常奇怪，但它确实是支撑我们这个世界为什么能够存在并且是现在这个样子的一条基本原理。如果不存在这条不相容原理，宇宙里的黑洞会比现在多得多，而且各种化学元素肯定也不是现在这个性质。正是因为有不相容原理，不同化学元素才会拥有不同的化学性质。

让我们回忆一下中学学过的化学元素周期表。在元素周期表中，每一列的元素拥有相同的最外层电子数，并且拥有类似的化学性质，例如氢、锂、钠、钾。尽管它们的原子质量各不相同，拥有的电子总数也各不相同，但是它们却有相近的化学性质，它们都很活跃，尤其是锂、钠、钾都具有极强的还原性，都能与水产生强烈的置换反应，遇水燃烧甚至爆炸，这是因为它们的最外层电子数都是 1。

为什么原子里的电子会分层呢？恰恰是因为泡利不相容原理。原子内的电子因为满足量子力学规律，它们的能量并非任意大小，能量分布并不连续，而是只能取特定的值，这些高低不同的离散的能量值，被称为能级。电子处在不同能级，而不同能级又对应不同的电子轨道。原子内的电子之所以分层，正是因为处在不同能级的电子对应于不同轨道，而轨道是分层的。但是问题又来了，根据能量最低原理，任何一个物理系统，其最稳定的状态必然是其能量最低的那个状态。那么对于一个原子来说，它的稳定态必然是所有电子都处在能量最低能级中的状态，如此一来，所有电子必然都处在最内层，又何来外层电子呢？答案便是泡利不相容原理。因为不相容原理，原子中的每个分电子轨道最多只能放下两个电子，如果多于两个电子，它们必须被放到其他轨道当中去。所以对于一个原子，它也许有若干个电子，而这个原子最稳定的状态固然是能量最低的状态，这个过程就好像在“填空”，先放两个电子在能量最低的能级，多出来的电子只能继续往更高的能级放，依次类推，逐渐把电子放完，最后被放进去的电子自然只能放在能量最高的能级，而大多数情况下，能量最高的能级对应的便是最外层电子（最外层电子未必总是能量最高的电子，因为电子与原子核以及电子之间有相互作用，对于原子质量大的原子，其最外层电子往往并非处在能量最高的状态）。为什么每个分电子轨道能放两个电子，而不是一个？因为不相容原理说的是“任何一个状态，只能存在一个费米子”，而这里的状态包含很多性质，对于原子中的分电子轨道，电子的能量固然是一个性质，除此之外，电子还有自旋。自旋向上和自旋向下是两个不同的状态，所以任意一个分电子轨道里，可以放两个电子，一个自旋向上，一个自旋向下，再来第三个电子就不行了，因为第三个电子的自旋，要么向上，要么向下，与已有的两个电子冲突，违反了泡利不相容原

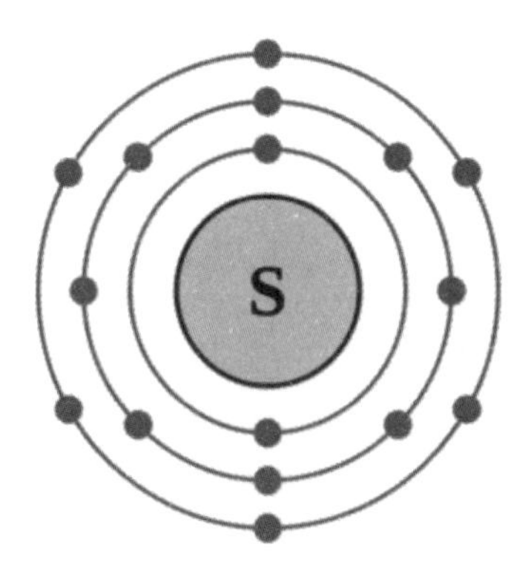

硫原子中的电子能级示意图，由于存在泡利不相容原理，电子从低能级往高能级排布，▲
每个分电子轨道只能容纳两个自旋方向相反的电子

理，第三个电子就进不来了。但如果第三个被放进来的不是电子，而是其他的费米子，例如放进来的是一个 μ 子，也是可以的，μ 子除了质量比电子大不少，其他性质与电子几乎完全相同，但由于它与电子不是同种粒子，所以不违反泡利不相容原理。

我们的宇宙中会存在如此多种类的天体，其实也与泡利不相容原理息息相关。有一个看似不是问题的问题：为什么很多天体会存在一个相对固定的大小。这个问题看似没头没脑，但却是一个相当好的问题：因为引力是一个向内收缩的力，物质在引力的作用下聚合并向内收缩，则必然有一个向外扩张的斥力与其平衡，由此天体才会具有一个固定大小，否则所有天体都必然是永远向内收缩，最终成为一个黑洞。但很显然，宇宙中黑洞的数量并不是这样多，而且大部分的天体最终无法成为一个黑洞。这是因为不相容原理所产生的“简并压”就是平衡引力的重要来源。

太阳之所以有相对固定的大小，是因为太阳内部发生的核聚变过程产生强大的爆炸和辐射，这种向外运动的压力和趋势平衡向内收缩的引力。而如果太阳有一天结束了所有的核反应，没有了向外的力去平衡引力，太阳就会向内坍缩，并最终成为一颗白矮星。而白矮星也是有一定大小的，若太阳变成了白矮星，向外平衡引力的正是电子简并压力（degeneracy pressure）。白矮星的密度几乎就是原子的密度，因为在白矮星状态下，基本是原子紧挨着原子，而由于电子满足不相容原理，一个原子里的电子无法轻易地跑到另外一个原子的电子轨道当中。所以白矮星物质的密度恰是原子的密度。

如果一颗恒星在恒星阶段的质量远大于太阳的质量，则它在所有核反应结束后，就有机会成为一颗中子星，这是因为当电子简并压依然无法抵御过强的引力时，电子会被压到原子核中，使得原子核中的质子成为中子，而中子也是费米子，满足不相容原理，依然会提供比电子简并压更强的中子简并压，由此平衡引力。而如果当引力进一步增强，连中子简并压也无法与之对抗时，一个黑洞可能就形成了①。

了解了费米子之后，与之对应的便是玻色子。玻色子便是那些不满足泡利不相容原理的粒子。如果把一个物理系统中的不同状态比作一个个的坑，那么玻色子便是那些在一个坑里可以放任意多个的粒子。从其他物理性质上来说，玻色子的自旋永远为整数（0，1，2 等），而费米子的自旋永远为半整数（1/2，3/2，5/2 等）。

而玻色－爱因斯坦凝聚是只能发生在玻色子身上的量子物理现象。前文也已叙述：量子力学系统的一大特点便是它的能量通常是量子化的。例如在原子中的电子并不能处在所有连续的能量值，原子中电子的能量只能取特定的值，处在最低能量等级的电子状态叫基态（ground state），而处在能量等级更高的电子状态叫激发态（excited state）。这些特定的值以能量的高低排列，不同能级之间的能量值是禁区，电子无法存在于这些禁区之中，能级与能级之间的禁区也被称为能隙（energy gap），如果一个系统里的粒子都是玻色子，当我们给这个系统降温会出现什么情况呢？随着温度不断降低，这些玻色子会往能量低的状态跑，这就会出现物质的

① 根据理论推测，当中子简并压不足以抵抗引力时，中子结构可能进一步被破坏，从而形成夸克星。夸克也是费米子，理论上也拥有夸克简并压，但夸克星是一种目前只存在于理论推测中的天体，并未被实际观测到过。

物理学家阿尔伯特·爱因斯坦 ▲

印度物理学家萨特延德拉·纳特·玻色 ▲

第五形态[1]——玻色–爱因斯坦凝聚的状态，这是爱因斯坦和印度物理学家玻色的共同研究成果。

玻色–爱因斯坦凝聚的状态就是当温度低到一定程度，粒子的平均动能不比基态能量和激发态能量的差大，也就是大部分粒子无法因为热能被激发到能量较高的状态，这时大部分粒子会主动掉到能量最低的状态，这就形成了玻色–爱因斯坦凝聚状态，它是一个典型的量子化状态。只有玻色子能发生玻色–爱因斯坦凝聚，因为费米子要满足泡利不相容原理，不可能出现众多费米子都同时处在基态的状态。

一个处在热平衡态的热力学系统内部粒子的速度分布应该是一个正态分布，这个正态分布是两头低中间高的曲线，也就是大部分粒子应该处在

① 其他四种状态分别是固态、液态、气态与等离子体。

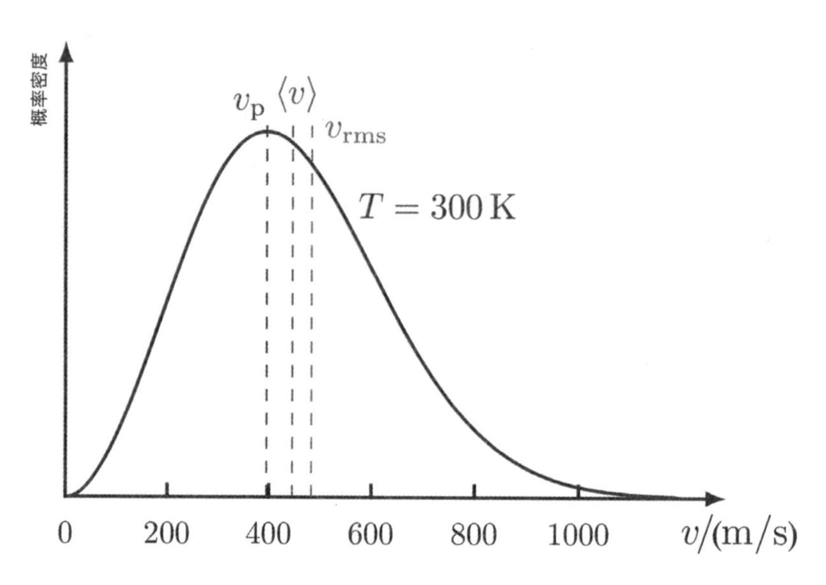

▲麦克斯韦分布图，在同一温度下，一个处在热平衡系统中的微观粒子所处不同动能状态占比的分布规律，满足正态分布的数学规律

平均温度的附近。

但是对于玻色－爱因斯坦凝聚的状态，由于能量的量子化特点在低温的时候变得非常明显，所以大部分粒子其实无法被激发到能量高的状态，大部分粒子就掉到了能量最低的状态。这种情况下，玻色－爱因斯坦凝聚系统中粒子的能量分布就不是一个正态分布了。这就是温度降低，量子力学占据主导，不再满足经典统计力学的一个最好的例证。

但必须要注意，纯粹理论层面的玻色－爱因斯坦凝聚，它虽然作为一种新型物态被认知和研究，但玻色－爱因斯坦凝聚所假设的系统当中，玻色子之间是没有相互作用的，它更像是一种理想的理论模型，因此玻色－爱因斯坦凝聚在实验室中真正被实现，是在粒子密度极低的状态下，它实际的、可探测的、材料层面的物理性质并无太多有趣的地方。反倒是超流

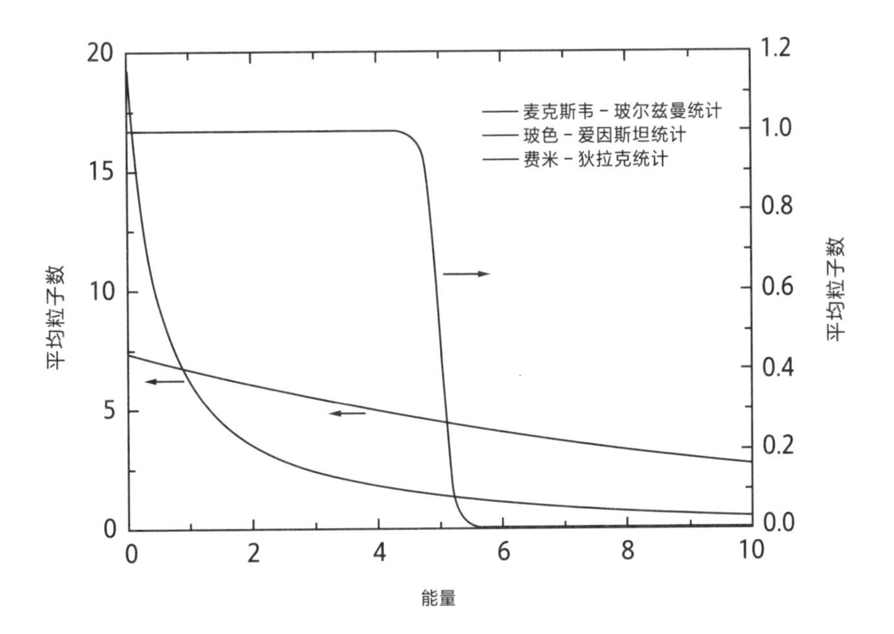

▲当温度逼近绝对零度时，不同种类的粒子拥有不同的分布规律，其中玻色 - 爱因斯坦凝聚的物理现象，只能发生在玻色子身上，因此当温度逼近绝对零度时，其低能状态的粒子拥有绝对多数的数量，表现为图中黑色曲线在接近能量为 0 的区域，其数量趋近于无穷大

体、超导体这样拥有强烈内部相互作用的凝聚态物理系统，它们与玻色 - 爱因斯坦凝聚紧密关联，都是有大量玻色子沉淀在同一低能量状态，却表现出极为有趣的物理性质。

超流体

超流体，可以简单理解为摩擦为零的流体。当氦气被降温到 2.2K（相当于 -271℃）左右时，形成的液氦流体就是超流体。与我们平常认知的普通流体完全不同，如果让超流体开始流动，它永远都不会停下。

超流的状态，跟玻色－爱因斯坦凝聚有很大关系。超流的微观机制，到今天都没有完全弄清楚，但是如果单从现象出发，我们可以通过分析玻色－爱因斯坦凝聚，给出一定的、现象层面的解释。

为了理解超流体，我们也必须先铺垫一些基础知识，其中一条便是被爱因斯坦认为是这个宇宙当中最可靠的一条“铁律”：热力学第二定律。虽然叫“定律”，但它其实是一条原理。即热力学第二定律无法通过演绎法进行证明，而只能通过实验进行验证。也就是，热力学第二定律为何存在无从得知，我们只知道它是一条通过了无数次实验检验的、屡试不爽的自然规律。热力学第二定律也有四种不同的表述方式，从热现象上的表述方式是：热量无法从低温物体自发地传导至高温物体。这与我们日常生活经验是相符的，如果硬要让热量从低温物体往高温物体转移，必须额外做功，例如空调和冰箱，为了制冷，它们必须有压缩机在工作，把额外的热量排到系统外部。

▲ 玻尔兹曼被安葬于维也纳中央公墓，其墓碑上刻着他一生最重要的物理学贡献，便是熵的微观表达公式 $S=k\text{Log}\,W$

热力学第二定律还有一个名称叫“熵增定律”。熵，

entropy，是代表一个物理系统混乱程度的物理量，熵值越高则说明系统越混乱。用熵增定律来描述热力学第二定律，可以表述为：一个封闭系统的熵永远不会自发地降低。这其实也符合我们的日常生活经验，例如一个房间，不打扫就会越来越脏乱，房间绝不会“自己收拾自己”；一个被打碎的花瓶不会自动恢复完好；破镜无法自发重圆。但这些都只是符合人主观经验的一些现象。毕竟房间的脏乱、花瓶的破碎，它只是人定义的“混乱”，从物理学的、定量的角度如何来定义一个系统的混乱程度呢？奥地利物理学家，统计物理的奠基人玻尔兹曼给出的定义是“微观态数”。玻尔兹曼的墓碑上刻着的就是他关于熵的公式：

$$S=k \log W$$

其中 S 是熵；k 是玻尔兹曼常数，由实验测得；W 便是微观态数。什么是微观态数呢？它是一个系统可能存在的状态的个数。举个例子，现在有两个不同的杯子和一粒绿豆，绿豆必须被放在杯子里。那么这两个杯子和一粒绿豆组成的系统，有几种可能的状态？答案是两种，绿豆必须在其中一个杯子里。如果多一个不同的杯子呢？就会有三种状态。如果再多一粒绿豆呢？答案是六种：两粒绿豆在同一个杯子里，这就有了三种情况；绿豆分别在两个不同杯子里，也就是有一个空杯子，也有三种情况。

这里我们假设了两粒绿豆完全一样，所以不存在两粒绿豆发生交换，会产生两个不同状态的情况。随着杯子和绿豆的数量增多，这个系统可能存在的状态会越来越多。有多少种摆绿豆的方法，对应的就是这个系统的微观态数。微观态数的对数乘以玻尔兹曼常量，就是熵的定义了。那我们可以看看，如果一个系统只有一种状态，那么熵是多少？答案是0，因为k lg1=0。

类比杯子和绿豆的例子，对于一个气体系统会怎么样呢？把气体分子可能处在不同的能量状态的数量，类比于上面案例里杯子的数量，气体分子可以达到的能量状态越多，就好比杯子越多。把气体分子比作绿豆，气体分子数量越多，就好比绿豆的数量越多。

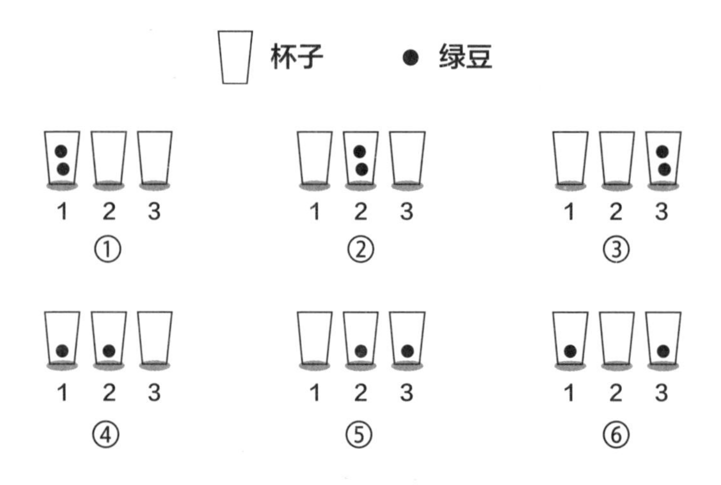

温度越高代表分子可以达到的能量越高，就好比杯子越多，气体的微观态数就越多，相应的熵就越大。这里用熵的观点来看看为什么咖啡用热水泡溶得快。因为热水温度高，相应的熵就大，所以咖啡溶得快。

有了熵的定义，就能定量地解释熵增定律了：一个封闭系统的熵无法自发减小，随着时间的推演，一个系统所能达到的、最稳定的状态，一定是这个系统可能存在的熵的最大的状态。而在一个满足热力学统计规律的物理系统中，它不仅处在熵最高的状态，同时也要处在自由能最低的状态。自由能最低的要求，可以被认为是前文提到的“能量最低原理”的统计物理版本。自由能被定义为总能量减去温度与熵的差值：

$$F=E-TS$$

从这个方程可以看出，确实熵值越高，自由能越低。我们可以粗略地将自由能理解为，一个热力学系统除开必须给熵上缴的、对应的“热量税”以外的可以自由支配的能量，好比我们平时的“税后收入”一般。

一个满足热力学统计规律的物理系统，其稳定态一定是对应自由能最低、熵最高的状态，也就是它要自发降低自己的自由能，才能趋于稳定以及热平衡。一桶水这样普通流体的摩擦，从自由能最低的追求来看，本质是因为可以通过摩擦降低自由能，动能通过摩擦转化为热能生热，热提升熵，熵的提升会降低自由能。如果超流体没有摩擦，从自由能的观点看，便是超流体无法通过丧失动能来减小自由能。

普通液体存在摩擦，本质上是流动的液体要把运动的动能，给到周围其他的动能没那么高的流体。超流体既然不会降低流速，换个角度看就是超流体的动能“给”不出去。

朗道关于超流现象的定性解释是非常简洁的，基本拥有高中水平的物理学知识就可以理解。让我们假设有一颗子弹，在超流体中穿行，超流体粒子不断与子弹发生碰撞，子弹把自己的动能传递给超流体粒子，如此子弹的动能就会损失，速度就会降低，这就体现为一种摩擦。既然只是简单的碰撞过程，那这个过程必然满足能量守恒与动量守恒，把这两个守恒方程列出，再进行简单的计算，就会发现，为了使得这个动能给出去的物理过程能够成立，超流体粒子在碰撞过后，获得的速度必须大于某个特定的临界值，而在普通流体中，这个临界值是零，也就是再小的动能都给得出去，然而超流体，其实就是这个临界值不为零的流体。临界值不为零，从感受上就跟能隙的概念很像了。但超流体还不是因为有能隙，流体如果在极度的低温环境下，已经处在类似于前文所描述的，玻色－爱因斯坦凝聚的状态，则大部分的超流体粒子（玻色子）处在同一状态，然而超流体粒子之间的相互作用是十分强烈的，这就导致如果试图激发超流体粒子的时候，激发的并非单个超流体粒子，这就使得激发超流体粒子变得困难，由此会发现，激发超流体粒子的能量临界值并非是零，因此当流速很低的时候，能量就给不出去了。这就好像你将车停在某个停车场一晚上，第二天准备出去的时候，停车费要 100 元，但是你身上只带了 50 元，不够付，显然你就出不去了，这里的道理是类似的。当运动粒子的能量给不出去，无法让周围基态粒子升高的时候，它就只能一直保持继续流动的状态，这便体现为一种超流的形态。从超流的现象中，我们可以初步看到，量子力学在低温世界开始充分展现它的效果。虽然说量子力学规律是低温物理系统里最重要的物理学规律，但本质上我们讨论的是多粒子系统的量子物理规律，这与研究单个粒子、原子性质时用到的量子力学技巧截然不同。

超导体

超导则是一种无法通过简单的量子力学规律进行解释的物理现象。在第一篇中我们曾经通过唯象理论：金兹堡－朗道理论，描述过超导的物理性质，但这种唯象理论，并没有从微观层面解释超导体的成因。第一个从微观上成功解释超导现象的理论是著名的 BCS 理论，由三位物理学家，约翰·巴丁（Bardeen）、利昂·库珀（Cooper）和约翰·施里弗（Schrieffer）共同提出，BCS 就是他们三人姓氏首字母的组合。

三位物理学家也因该项成就于 1972 年获得诺贝尔物理学奖。值得一提的是，约翰·巴丁是迄今为止唯一一位两次获得诺贝尔物理学奖的科学家[①]。

既然理解了超流体，超导体还不简单吗？超导体是电阻为零的导体，电阻可以这样理解：载流子在运动过程中会受到阻碍和摩擦，因此消耗动能，不加电压的话，载流子的定向运动无法持续。而如果超流体是没有摩擦的流体，只要让超流体带上电，不就可以超导了吗？我们把电子像撒胡椒面一样，撒在超流体上，这不就是超导体吗？事情远没有那么简单。这里面有一个巨大的认知鸿沟，我们论证了超流体通常都处在类似于玻色-爱因斯坦凝聚的状态，但是玻色-爱因斯坦凝聚只能发生在玻色子身上，而电子是费米子，费米子无法发生玻色-爱因斯坦凝聚，无法出现像超流体那样的、大部分粒子处在同一量子态的现象，因此单纯给电子降温是无法达到超导状态的。

为了理解超导体，我们必须重新检视一个我们无比熟悉的概念——声音。为什么我们要在一个看似用量子力学讨论问题的章节，讨论声音这样一种经典物理现象呢？声学跟量子力学似乎毫无关系，声波无非是机械

---

① 约翰·巴丁第一次获奖是 1956 年，表彰他发明了晶体管，因此巴丁也可以被认为是“芯片之父”。

振动而已。当然，低频的、人耳可听到的声波，甚至几万、几十万赫兹的超高频的超声波，不会涉及量子力学。但是在低温环境下，声音也会被量子化。

声子可以被认为是声波的量子化，就好像光波的量子化叫光子一样。声音的本质到底是什么？从物理学的角度来看，声音是一种机械振动。比如，声音在空气里传播，空气分子在声波带动下传递这种振动，形成了声波。声波也可以在固体中传播，由于固体拥有更大的密度，分子之间的距离更近，相互作用更加迅速，所以固体中的声速要高于空气中的声速。而固体又是如何形成的？很显然，是由于组成固体的基本单元，也就是原子之间存在相互作用，这些相互作用把原子聚集到一起，并且这种聚集比较牢固，一旦形成了聚集，原子之间的相对位置不会自由变动，最多是在一个固定范围内振动。更特殊的情况是晶体，在相互作用的影响下，原子不但聚集在了一起，还形成了规律性的几何结构。这个几何结构被称为晶格（crystal lattice），而晶格是存在振动的。固体之所以能形成，是因为原子之间有相互作用力（不论是范德瓦耳斯力，还是形成了化学键），这个相互作用力允许原子之间存在相对于平衡位置的振动，否则就成了刚体[①]（rigid body），而我们知道刚体只是物理学的理想模型，现实中并不存在。

原子的振动，或者说晶格的振动，根本上也遵循量子力学规律，应当被视为一种量子化的行为。宏观的机械波，其能量由机械波的振幅和频率

① 刚体是理想中的、硬度无穷大的固体，施加外力的时候，刚体不会发生任何形变。

共同决定。满足薛定谔方程的晶格振动能量则由它的频率唯一确定，也就是用量子化条件解出来晶格振动的行为不像波，而像粒子。一个晶格振动起来，把这种振动模式传递出去，振动模式在晶格之间传递，它就更像是粒子的行为，而非波的行为，因此这种量子化的晶格振动行为被称为声子。

我们不能通过增大振幅来让某一种频率的声子能量更高，因为振幅是固定的，是量子化的。我们能做的，是增加这种频率的声子的个数。这就特别像在第一篇中，我们讨论到的量子力学最初的问题——黑体辐射时所说，普朗克解释黑体辐射的基本假设就是光子的能量是一份一份的，声子的能量也是一份一份的。

但是经典意义上的声波（也就是机械波）有振幅，有频率，确实可以在固体里传播，这与声子的定义是矛盾的。我们应该如何理解量子化的声子与经典意义上的声波之间的过渡呢？普通的声波（人耳可以听到的），频率其实非常低。钢琴的音，频率大概也就是几百到几千赫兹，但是量子化的声子的频率是极高的，大约能高到 10^{12} 赫兹，也就是一万亿赫兹的数量级，而频率低，波长长（频率高，波长短）。经典物理学意义上的声波波长都很长，普通声波的波长在厘米、分米甚至米这样的数量级，当这种量级的声波进入固体，固体中的原子会随之做整体运动，任何两个相邻原子发生的位移几乎没有什么差别。因此，普通声波的传播是一种宏观行为，不涉及原子微观的运动，但是对于量子化的声子这样高频率、波长在纳米数量级的声波，相邻原子的运动方式会有巨大的区别。声波波长的长短，直接决定了我们应该考虑经典的宏观性质还是量子的微观性质。

回看解释超导微观机制的BCS理论，其关键点在于：如何让电子变成玻色子？这便要依靠声子。而BCS理论的关键，就是两个电子通过交换声子，产生了一个等效的吸引作用。在声子的作用下，两个电子以自旋相反的方式被束缚在一起形成了一个电子对，这个电子对叫作库珀对（Cooper pair），它是一个玻色子。既然变成了玻色子，就可以发生玻色－爱因斯坦凝聚，进入类似于超流状态，并且这个玻色子是个带电的玻色子，因此就成了超导。当然，从具体的过程来看，超导的机制与超流并不完全相同。超流体当中，粒子的动能给不出去，是因为强烈的相互作用，而超导当中，库珀对的动能给不出去，是因为超导系统是有能隙的。要破坏一个库珀对，所需要的能量不是零，有能量的最低要求，这就体现为能隙，从而库珀对的能量给不出去，因此超导的状态就被这个能隙所"保护"住了。

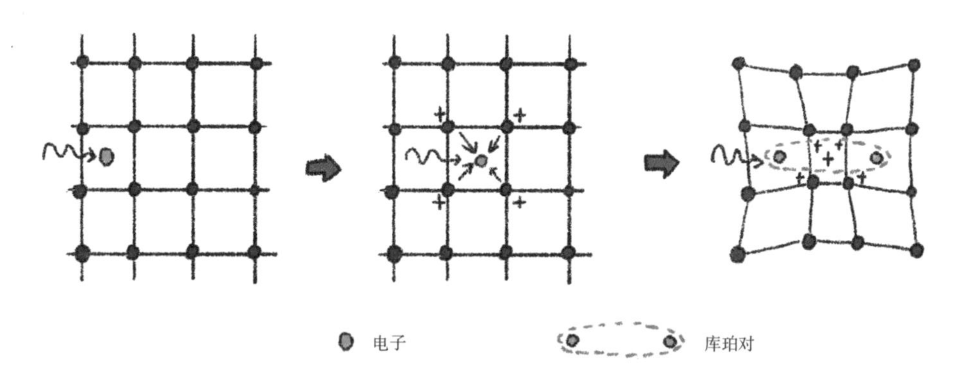

库珀对形成示意图：当电子在晶格中运动时，晶格的几何结构产生变化，由此形成的声子对电子会有吸引作用，在这样的吸引作用下，两个电子间接地通过声子被绑定在一起形成一个整体，该整体便是库珀对，拥有两个单位的负电荷 ▲

超导体拥有完全抗磁性，或者叫"迈斯纳效应（Meissner effect）"，即磁场无法进入超导体，它内部的磁场一定为零。如何理解完全抗磁性？

磁场进入超导体之后，会激发起超导体里的电流，当然并非只有超导体里会被磁场激发起电流，理论上在任何导体中都可以，因为根据麦克斯韦方程，变化的磁通量产生感应电场，感应电场会产生电压，而电压会在导体中建立起电流。但是，由于超导体的电阻为零，这个电流一旦被激发起来之后就不会消失，电流会产生新的磁场，它与入射磁场的方向相反，会抵消入射磁场的强度，因为从简单的逻辑分析就知道，如果感应电流产生的新磁场与入射磁场相同，就会进一步增强总磁场。这种增强会进一步激发新的电流，然后重复上述过程让磁场的增强变成正反馈，这样磁场增强无上限，就违背能量守恒定律。因此感应电流产生的磁场必然是削弱入射磁场的，并且是完全抵消。因为如果不完全抵消，就会有新的电流被激发起

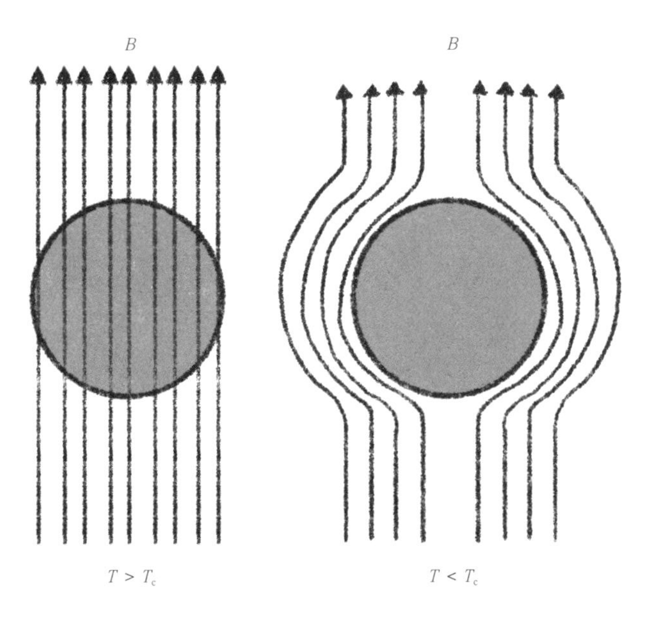

▲ 超导材料在其温度 T 低于临界温度 T_c 时，会产生迈斯纳效应，效果是将其内部的磁场完全地排出体外，超导体内部的磁场必须为零

来，新电流的磁场会抵消之前还没有被抵消的部分，因此最终的状态还是所有磁场都被抵消。这样，超导体的内部才会是稳定的，这就是超导完全抗磁性的来源。

关于超导体完全抗磁性的分析和另外一种电学现象——静电屏蔽(electrostatic shielding) 现象的分析一样：为什么即便飞机被闪电击中，飞机内的乘客也不会受伤？为什么手机进入电梯经常没有信号？这些其实都是静电屏蔽现象。静电屏蔽现象说的是，电场无法在金属中存在。如果金属中存在电场，这个电场会倾向于把正电荷沿着电场方向推动，把负电荷沿着相反的方向推动，正电荷和负电荷分开产生一个新的电场，这个电场的方向与入射电场方向刚好相反，与入射电场相抵消，因此最终的效果是金属里的电场为零。之所以有这个现象，是因为金属里有大量自由电子，而绝缘体不行则是因为电场无法让绝缘体里的电子充分分开。所以金属拥有完全抗电性，超导拥有完全抗磁性。

BCS 超导理论解释了最普遍的一种超导体，这种超导体的临界温度非常低，大概是 4K 左右。后来科学家发现，超导体的临界温度可以通过改变物质的种类进行提高，比如用结构十分复杂的化合物，能把这个温度提升到 100K 以上。

科学家们竞相提升超导的临界温度，这个研究领域变成了一个全新的领域，叫作高温超导。此处的高温并不是我们认为的那种几千几万摄氏度的高温，而是跟绝对零度相比的高温。例如液氮的 77K（约 -196℃），跟 4K 的液氦超导相比要高得多，临界温度高于液氮温度的超导体即可被称作高温超导体。科学家们对高温超导原理的研究，目前也只是在摸索的状态中前进，还没有完全弄清楚。主流的高温超导的原理有若干种，但是万变不离其宗，都要形成库珀对。

半导体

半导体这个概念，相信大多数人都不陌生。中学教材中对于半导体的描述，其大意是：导电性介于导体与绝缘体之间的电介质。其实半导体在当下的语境下又有一个尽人皆知的名字：芯片。恰恰是因为半导体的导电性介于导体和绝缘体之间，通过调节电压，便可以轻易地控制半导体的导电性，用来做电子电路中的逻辑门，而大规模的逻辑门排列组合形成的电子电路，便可以进行高效的计算。而半导体，仅仅是导电性介于导体和绝缘体之间吗？事实上，其性质要比这简单的描述复杂得多，半导体的性质，其实也是量子力学特性。

要研究材料的量子性质，就需要对研究对象做量子场景的描述。不论是导体、绝缘体还是半导体，它们都由原子组成。原子的中心是原子核，周围是围绕原子核运动的电子。由于原子核远远重于电子，是电子质量的几千甚至几万倍，所以我们将原子核当成不动的，它处在原子中心，给电子提供库仑力。因此，原子核只是贡献了一个来自中心的电势能给电子。要描述电子的运动，用薛定谔方程来描述电子的概率波即可。这是单个原子的量子力学图景，是相对简单的。但是对于固体，甚至是晶体，情况要复杂得多。

固体中众多原子排列在一起，对于一个电子，它感受到的是众多原子提供的电势能。我们可以用薛定谔方程去描述它的波函数，但这时电子受到的影响要复杂得多。简单算一下，有三组相互作用。一是原子核之间的相互作用，二是电子和电子之间的相互作用，三是每个电子还会感受到的所有原子核的电磁力。三组相互作用交叠在一起，是一个极其复杂的系统，必须做一定近似来简化模型。

首先可以忽略原子核之间的相互作用。在固体，更具体地说，在晶体中，原子核的位置相对固定，相比之下，电子的运动则自由得多，比如金属里有很多自由运动的电子，相对于电子来说原子核几乎不动。即便不同原子的原子核之间有相互作用，导致原子核的位置发生变化，让周围的电子获得不同的电势能，但是这种变化相对于活跃的电子来说不显著，它只会少量影响电子的运动。其次，可以忽略电子和电子之间的相互作用。我们知道原子之间的距离很大，电子在固体里的运动实际上非常自由，电子之间即便有相互作用，其影响也是微弱的，不会定性地影响电子的行为。当然，这个假设只在特定情况下成立，确实有不少材料（比如莫特绝缘体）中电子间的相互作用非常强烈，不能被忽略。但是这里为了方便分析，就先不去研究莫特绝缘体这样的材料，而是着眼于一般的材料。如果考虑电子和电子之间的相互作用，其实对应于物理学中一个重要的研究课题——强关联系统，这里的强关联指的就是电子和电子之间的相互作用强到不能忽略。

如此一来，就只需要考虑单一电子与所有原子核之间的电磁相互作用即可，这其实就是固体物理这一整个学科的基本抽象模型。我们对晶体中的电子运动尤其感兴趣，晶体内部的原子（或离子）呈规律的几何形状排列。比如氯化钠的晶体结构就是个六面体，基本是个正方体，每个钠离子被6个氯离子包围，每个氯离子又被6个钠离子包围，而大部分金属都有晶体结构。晶体结构满足了我们的第一个近似假设，即原子核可以被视为静止，目前只需关心晶体内的电子，甚至于只是最外层电子，如何运动。

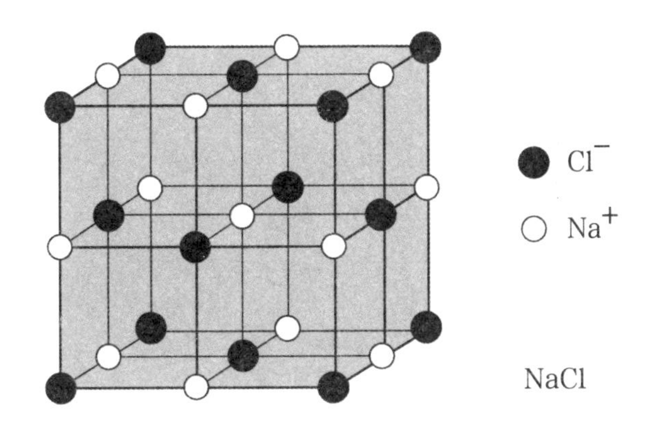

氯化钠晶体结构示意图 ▲

这样一来，我们对于晶体的量子物理图景就非常清楚了，就是一堆原子组成了一个三维的阵列，这个阵列具有规则的几何形状，然后考虑一个带负电的电子会在这个阵列当中如何运动，它的波函数满足整个阵列的薛定谔方程。按理来说，只要去解这个阵列的薛定谔方程，就能够明白晶体中电子的波函数的规律，但在“硬解”方程之前，可以先做一个物理直觉上的分析：单个原子内部，电子能量是量子化的，也就是这些电子只能存在于特定的能量等级，这些能量等级是离散、不连续的，每个能量等级之间有一个间隔。

单原子中，电子受到一个原子核的影响，就出现了能量量子化的特点。这时再多来一个原子核，比如让电子围绕两个分开一定距离的原子核运动，能量的量子化会消失吗？直觉上应该是不会的，对于电子来说，无非是原子核正电荷的分布发生了一些定量的变化，这种能量分级的量子特性理应不会消失。那么，三个原子核怎么样，四个、N 个呢？形成阵列呢？这种能量量子化的特点会消失吗？直觉上应该不会消失，但是一定会对电子的能级的具体形态产生影响。物理直觉我们有了，也就是晶体中电子的能量，也应该是量子化的，能级之间有间隔，但是间隔的大小以及电子的波函数的形态，会受原子核阵列的定量影响。有了这个猜想，再看如果真的解一个阵列中电子的薛定谔方程会怎么样。这就引出了固体物理学当中一条最重要的定理——布洛赫定理。

布洛赫 (Felix Bloch) 是一位瑞士物理学家，他就是在解阵列中电子的薛定谔方程的过程中，得出了布洛赫定理。这条定理说的就是在一个做周期性变化的势能场中，薛定谔方程的解的形式是一个正弦波叠加一些局部的变化。也就是在阵列当中，电子的波函数的形态大致上是一个正弦波（sinusoidal wave），但是有一些局部变化。

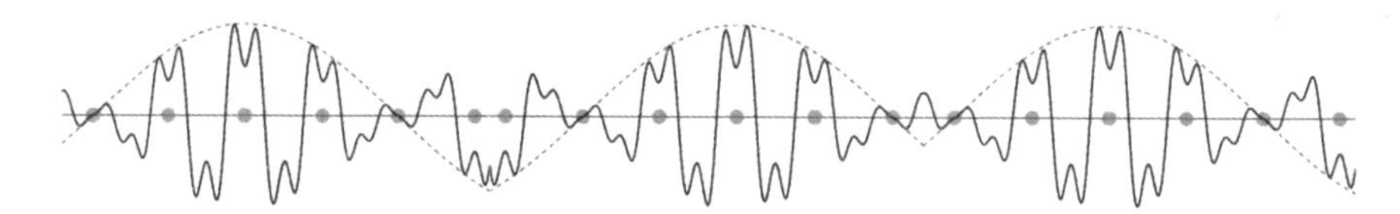

根据布洛赫定理，晶体中电子波函数总体满足周期性规律，▲
晶格结构的效果是使得电子波函数的局部形态发生变化

有了布洛赫定理，通过薛定谔方程解出来的波函数，叫布洛赫波。相应地，不同的布洛赫波对应不同的能量状态，这些能量的解，验证了我们之前的物理直觉，也就是电子在晶体中运动的能量依然是量子化的。周期性阵列对于电子能量量子化的修正也是存在的，但是相对复杂。原来单个原子中电子的不同能量叫能级，到了晶体，能级就变成了能带（energy band），它是一条有宽度的带。

在晶体中，电子可以处在不同的能带，一条能带里电子的能量是连续的（能带里的电子能量是连续的，建立在晶体是无穷大的假设之上，因此是理想状态。而实际情况中，能带里的电子能量依然是离散的，只不过间隔非常小，由于材料是宏观的，总体上对于微观结构来说，被当成无穷大也没有什么影响），但不同的能带之间有一个能量间隔，这个间隔就是能隙。

原来单个原子中的能级是量子化的，每个能级的数值是一个单一的值，阵列结构进来之后，能量间隔还在，但是能级被拉粗成能带。这个能带对应的不再是一个能量值，而是一个范围内连续的能量值，但是整体量子化的能隙依然存在。如何理解电子在一个能带里能量是连续的呢？当一个电子在能带里取到不同的、连续的能量时，对应什么运动状态？这就要回到布洛赫定理。布洛赫定理说的是，电子的波函数总体来说是正弦波，只是局部有修正。那么答案就很容易理解了，就是在一条能带里，不同的能量对应电子作为一个整体正弦波的不同的波长。可以想象电子的波函数在晶体里大致还是像电磁波那样的正弦波，但是它的能量获得了修正。不同波长的物质波，对应不同的能量。

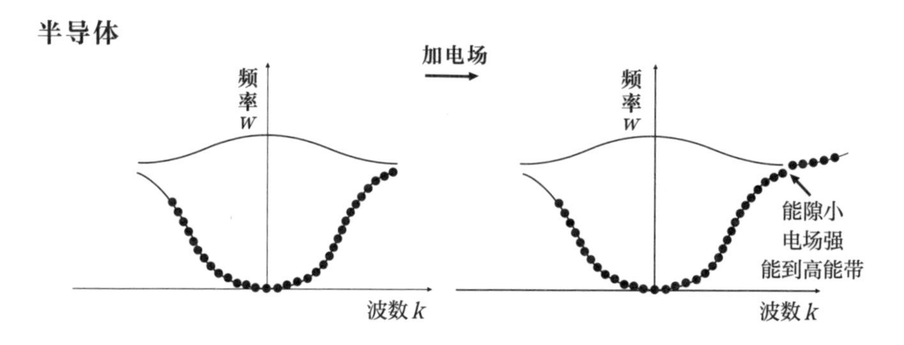

能带结构示意图 ▲

如上图，横坐标是不同电子波函数的波数，波数就是单位长度内波的个数，用字母 k 表示，波数反比于波长，波长越短，波数越多。波数的方向代表了波的传播方向。不同方向以及不同波数大小的波，对应不同的能量，这个关系叫作色散关系（dispersion relation），也就是电子概率波的波长与能量的关系。

通过能带结构可以看到晶体的特点，就是只有特定能量和特定波长电子的波函数可以存在，晶体结构本质上是对电子的状态进行了选择。

有了这个认知，我们对于固体量子效应的研究，就变成对固体能带结构的研究。固体的量子性质的图景也逐渐清晰了。有了能带理论，再回过头来看看：什么是导体、绝缘体、半导体？什么是自由电子？这些问题都可以用能带理论统一解决。

首先讨论什么是自由电子。什么叫自由？这里对于自由的理解应是：只要想让它动，它就能动。要让电子动，肯定要施加外力，这个外力就是电磁力。所谓的动，就是电子在电场的作用下开始移动，这里的动是定向的运动，如果不是定向运动，就不能形成电流。比如，一个电子被一个原子束缚住，加个电场它确实可以动，但是简单动一下就会被原子拽回来，这种动最后变成了一种振动，它不是定向流动，形成不了电流。

所以，自由电子应该是只要加个电场，它就能发生定向运动。这里还有一个隐含假设，就是不论加的电场有多小，它都能定向运动。可能加的电场小一点，它动得慢一些，但是不改变它能动的事实。自由电子应该更准确地被描述为：不论加多小的电场，只要有个电场，它就能开始定向运动。

尽管有电阻存在，但只要一直加电场，它就能维持定向流动。电场小，相当于电压小，电压小，电流就小，电流小的意义其实就是单位时间内通过的电子的数量少，对应的就是电子运动速度慢。所以说，有电阻也不用担心。

到这里，我们再来看看用能带理论如何解释导体、绝缘体，甚至半导体。导体的关键是要有自由电子，也就是要有那些只要加了电场，不管这个电场多小，都能够定向运动的电子。首先要参考我们是如何理解原子中电子排布的，先把原子里的电子轨道解出来，然后能量从低到高，参照泡利不相容原理，每个分电子轨道放两个电子，一层层地放上去。

那么对于晶体的能带结构，这个过程是完全一样的。从能量低的那些点开始，一个个把电子按照能量由低到高放进去。每个被放进去的电子，都有自己的波函数，这个波函数是个局部有变化的正弦波，波的传播方向由能带图的波数（k）的方向决定。有 k 就有能量，有多少电子，就能填多高。

金属的最外层电子数都是不到半数充满的，在填能带图的时候，金属这类导体的电子，不能填满整条低能的能带，能带是半满的。这时可以论证，这种没有被填满的能带，是代表了导体的能带。为什么？我们加一个电场看看有什么效果。在没有电场的时候，电子的运动是杂乱的。虽然在导体里，这些电子的状态都用波函数来描述，但是各个方向的波都有，所以总体不呈现为电子的定向流动。但是加了电场就不一样了，所有电子的能量都会向一个特定方向整体升高。也就是能带里的这些电子，都要往能量高的地方跑。

假如电场的方向，跟能带图中右半边的波函数的方向一样，那么这些能带里电子的整体位置要向右移动，才能获得能量的整体升高。恰恰因为现在的能带还不满，所以这些电子有整体向右移动的空间，加一个电场，就能让所有电子的动能都升高，原本能量低的电子可以在能带上找到空隙放下。这时，能带中的电子分布就不再左右对称了。换句话说，往能带图右边运动的电子的数量，比往左边运动的多。能带图的横坐标代表了电子波函数的运动方向，往某个方向运动的电子数量比别的方向多，就体现为电子的定向流动，这就导电了。而绝缘体就更好理解了，绝缘体对应的，是能带全部被电子填满的状态，所以没有办法在同一条能带里让所有电子能量升高，除非跳出这条能带，往上面的能带去。但是不要忘了，上下能带之间有能隙，也就是有能量间隔。如果电场加得不够大，达不到能隙的大小，电子是没有办法跳到上一条能带去的。这种情况下，电子无法发生定向运动，这就形成了绝缘体。

用一个很简单的类比就能明白从能带的角度如何区分导体和绝缘体。

这就像一瓶水，如果这个瓶子只装了一半水，则晃动水瓶，水可以很轻易地在水瓶里流动，并且不论晃动幅度多么小，水都可以轻易流动，这就对应了导体的情况，电子可以在任意小的能量激发下形成定向运动。反之，如果瓶子装满水，连个气泡都没有的话，则不论如何晃动水瓶，水都不会发生整体的定向流动，这就对应了绝缘体的情况：当能带被完全填满，而能隙的存在使得无法以任意小的能量激发电子，因此体现为绝缘体，电子无法自由发生定向运动，无法形成电流。

回到半导体。用能带理论解释起来更加直观，半导体就是能隙间隔很小的晶体。半导体的上下层能带间的能量间隔非常小，电场稍微大一点，电子就可以跳上去发生定向运动。但是，半导体的导电性肯定没有金属好，金属的所有自由电子都做定向运动，但是半导体的自由电子数并没有那么多，因此整体导电效果没有导体好。

至此，我们可以发现固体物理的能带理论非常强大，我们再也不用定性地分析导体、半导体、绝缘体，用一套统一的理论体系就可以描述相关性质了。

第5章 》》》》相变

凝聚态物理的任务，是去寻找物质当中的秩序，而且主要是寻找在量子物理规律主导下的秩序。例如我们在前一章的内容中集中介绍了玻色－爱因斯坦凝聚、超流体、超导体与半导体这些典型的、由量子力学规律主导的，存在于不同材料中的秩序。更具体的，凝聚态物理的任务，是去寻找那些由大量个体在相互作用或外部环境作用下所构成的整体中存在的秩序。既然是去寻找秩序，那我们必须先定义秩序。

不同的秩序之间，一定存在不同点，否则就不是不同的秩序了。这些不同点，多种多样，可以是定性的，也可以是定量的。例如，冰和水，虽然构成单元都是水分子，H_2O，但很明显冰和水的性质大有不同，这些不同点随便就可以说出很多：冰和水在常压下，密度不同；冰是晶体，水是流体，微观结构不同；冰和水的比热不同；等等。因此很显然，冰和水应当是大量水分子聚集时的两种不同秩序。直观感受上来看，冰和水最大的不同，应当是微观结构的不同，因为冰是水分子组成的晶体，有微观的几何结构，但水作为流体，内部是不存在这样的几何结构的。但用微观结构区分不同的秩序，真的是一个好办法吗？未必。还是看水分子，液态水和水蒸气，似乎也显然是两种不同的秩序，中学也学过，水通过沸腾或者蒸发变成水蒸气。水和水蒸气可太不一样了。但是微观结构上呢？水蒸气和液态水，除了在水分子的平均距离上有巨大差别以外，它们都是各向同性的，似乎也没有什么本质上的差别。所以用微观结构来区分不同的秩序，未必是个好办法。

冰、水和水蒸气，还是同种物质当中有不同的秩序。不同种类的物质，也可以有相同的秩序。例如超导，是一种秩序，然而超导现象并不局限于某一种特定的材料，而是多种材料均可以出现超导现象。所以物质当中的秩序，也未必一定与物质种类相关。那么如何定义不同的秩序，尤其是用物理的语言对不同秩序进行定义，就成了一个核心问题。

在凝聚态物理中，不同的秩序被称为不同的相（phase），不同秩序之间的转换叫作相变（phase transition）。给磁铁升温，当温度超过了它的居里点[①]，磁铁磁性消失。把磁性当成一种秩序，随着升温，磁性从有到无，秩序也消散掉，这就是一种相变。那我们重新定义凝聚态物理的任务，就是找出量子系统中所有可能存在的相，以及找到所有可能存在的相变。

而我们在前文的例子中也看到，同一个物理现象，有的标准认为发生了相变，而有的标准却不认为发生了相变。那有没有一套通行的判断标准，能把所有相都进行分类，并描述不同相之间的相变是如何发生的呢？

---

① 所谓居里点，便是磁铁磁性消失的临界温度：当磁铁的温度超过居里点时，其磁性消失。

关于这个问题，要提到的依然是苏联物理学家朗道，他找到了一个看似是放之四海而皆准的判断依据：对称性。

什么是对称性呢？中学里其实都学过类似的概念，比如：将一个正三角形旋转 120°、240° 或者 360°，这个三角形都能转回去；将这个三角形按照自己的对称轴进行翻转，也能翻转回去。一个圆围绕它的圆心不管转多少度都能转回去。一个对象在某个操作下，原本的状态不发生改变，我们就说这个对象具有某种操作下的对称性。我们刚才举的例子不过是几何上的对称性，这是直观的、显而易见的对称性，如果把对称性的概念推广到广义上，是针对某个对象在某种“操作”下，并不使对象发生变化的这种性质，那对称性的种类就五花八门了。

再回看我们对于对称性的描述，是在某种特定的操作变换下，对象并不会发生任何物理性质上的变化，我们就说对象具有某种对称性。这个描述其实跟物理学中的另外一个概念很像，那就是守恒定律。例如我们熟悉的守恒定律有能量守恒、动量守恒、电荷守恒、质量守恒等。我们对于守恒的描述以及我们对于对称的描述是很相似的，总的来说都是变化当中的不变。

20 世纪初，德国的女数学家艾米·诺特（Emmy Noether）提出了诺特定理（Noether theorem），这可以说是划时代的伟大定理。它直接奠定了所有场论的基础，不论是经典场论，还是量子场论。这条定理说的事情十分简单，就是“对称即守恒”。它把守恒律和对称性等价了起来。也就是说，任何一条守恒律的背后，都对应着一种对称性，反之亦然。这样说还是太抽象了，我们来举几个例子。

空间平移对称性：动量守恒

先看动量守恒，动量守恒对应的是空间平移对称性。比如有一个物理系统，这个物理系统里的动量是恒定的，你把它从纽约拿到巴黎，这个系统的动量是不变的。也就是纽约和巴黎的空间性质是一样的，所以动量是守恒的。但是，如果把系统移动到太空中就不一定了。因为太空中的引力和地球表面不一样，时空弯曲的程度不一样。空间平移对称性说的就是在移动的过程中时空的弯曲程度没有发生变化。如果从一个平坦的时空移动到一个弯曲的时空，空间平移对称性被打破，动量守恒定律就失效了。

时间平移对称性：能量守恒

能量守恒定律对应的是时间平移对称性。时间平移对称是指：不管时间怎么流逝，物理定律不变。比如牛顿定律 300 年前是这样的，300 年后也还是这样。然而所有的物理定律都显性地或隐性地跟能量有关联，所以物理定律不随时间变化而变化，本质上对应的是能量守恒定律。这也是诺特定理通过数学推导得出的直接结论。

镜像对称性：宇称守恒

在一个正三角形前放一面镜子，镜子里的正三角形跟镜子外面的正三角形是一样的，这叫镜像对称。镜像对称对应的守恒量，叫宇称 (parity)。这个概念跟我们中学里学过的奇函数和偶函数的概念很像。偶函数是左右对称的，我们就说它的宇称是 1。奇函数，比如 $y=x^3$，它的左右不对称，而是刚好相反，就说它的宇称是 -1。

而说到宇称守恒，此处不得不谈一下由杨振宁和李政道于 1956 年提出的宇称不守恒定律。宇称不守恒定律说的是：在弱相互作用的过程中，宇称是不守恒的。如何理解呢？假设现在有一面镜子，根据生活经验可以想象一个波函数照镜子，它会在镜子里看到一个镜像的波函数。根据直觉，镜像的波函数应该跟镜子外的波函数拥有一样的宇称。如果波函数是个偶函数，那么镜子里的波函数也应该是个偶函数；如果波函数是奇函数，镜子里的波函数也应该是个奇函数。感觉上这是一个理所当然的结论。

宇称不守恒定律认为在弱相互作用过程中，宇称不守恒。就好比，本来是个偶函数，照了一下镜子就变成奇函数了。再举个例子，有一辆正常的汽车，踩下油门车就会往前走。这时在车边上放一面镜子，镜子里的汽车是镜子外汽车的镜像。根据直觉，踩油门让汽车往前走的时候，镜子里的汽车也应该是往前走的。但是宇称不守恒，说的就是踩油门的时候，你的车子确实往前开了，但是镜子里的汽车却是倒着往后开的。这是一个非常反常识、反直觉的结论。所以宇称不守恒定律刚被提出的时候，学界的主流声音是表示反对的。泡利甚至说：“我不相信上帝是左撇子。”泡利认为这个宇宙里的物理定律是不分左右的，左和右应该是完全对称的。但是，宇称不守恒定律似乎在告诉我们：这个宇宙里的规律是分左右的。

时间反演对称性（time-reversal symmetry）

所谓时间反演对称性说的是，这个物理系统，如果我们让它的时间倒流，它是否还和原来的物理系统一样，比方两个小球相互靠近然后发生碰撞再弹开远离，如果让时间倒流，会看到两个被弹开的小球原路返回，发生碰撞，然后弹开，就跟把电影倒放一样。大部分的物理定律，不论是牛顿定律、万有引力定律，还是相对论方程、薛定谔方程，都满足时间反演对称性。那有什么情况，时间反演对称性会被打破呢？所谓时间反演对称性被打破，就如同当你倒放电影时，影像并非之前正放电影时的反效果，而是去到了不同的初始状态，比如正放电影时，一个人从左走到右，电影倒放就应该是他从右边倒退着走到了左边。如果时间反演对称性被打破，就变成正放电影时一个人是从左走到右，倒放影片时，他非但没有从右倒退走回左边，而是居然向左拐了个弯。在这种情况下，我们就说时间反演对称性被打破了。那在物理系统中，是否会发生这种现象呢？会，磁场的存在就能打破时间反演对称性。

让我们假设存在一个垂直于纸面的、方向向外的磁场。这时有一个电子从左往右匀速进入磁场，由于存在洛伦兹力，电子会在磁场中偏转并做圆周运动，根据左手定则我们知道这个电子会向上偏转，但如果这个时候我们让时间倒流，电子开始往回走，根据左手定则，它不会走回原来的位置，而应该是向下偏转。

除前文所述空间平移对称性、时间平移对称性、镜像对称性、时间反演对称性以外，对称性的种类多种多样，上述对称性还属于比较直观的，其他的很多对称性是很抽象的，例如规范对称性（gauge symmetry）。但不论如何，朗道理论认为，所谓相变就是研究对象的对称性发生了变化，这个对称性的变化被叫作对称性破缺（symmetry breaking）。即两个相，如果拥有不同的对称性，则可以被认为是两种不同的相。例如冰

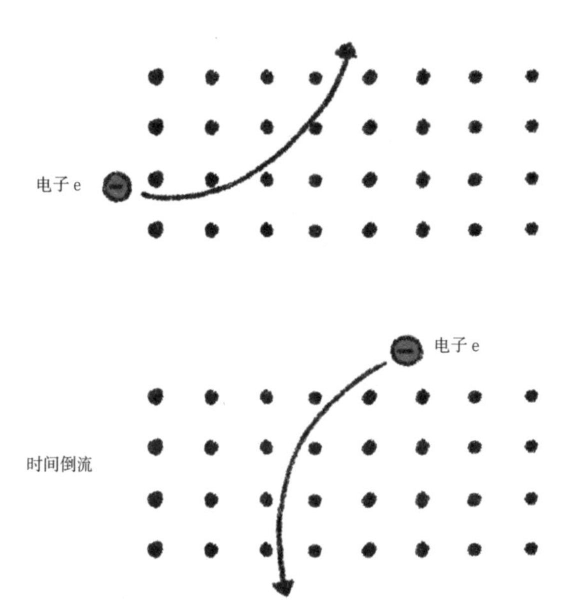

在时间倒流的情况下，处于磁场中的运动电子，并不会按 ▲
原路返回，因此磁场的出现，将会打破时间反演对称性

融化变成水，这为什么是一个相变？因为冰和水具有不同的对称性，并且是非常普通的、几何结构上的对称性的不同。因为很显然，冰是一种晶体，它的微观结构是水分子之间相互作用，形成了正四面体的几何结构。正四面体的对称性比较局限，很显然一个正四面体，把它围绕其中一个面的中心轴进行转动，只有转动 120° 的整数倍的时候，它才能与原本的形状重合。但是对于水来说，它的微观结构是各向同性的，不存在类似于冰的正四面体晶体结构。水和冰具有不同的几何对称性，因此它们是不同的相，冰融化成水，是一种相变。但是如果用朗道的这套标准，水蒸发成为水蒸气，就不属于相变了，因为水和水蒸气，虽然一个是液体，一个是气

体，但它们之间的对称性可以说是毫无差别。因此根据朗道的对称性破缺理论，水与水蒸气之间的转换并不存在相变。

用对称性破缺的概念，也可以解释为什么给磁铁升温，磁铁磁性消失也属于一种相变。因为磁性的存在，打破了旋转对称性。对于一个没有磁性的物体，不论在空间中如何旋转，这个物体并不会产生磁性，因此对于磁性这个性质来说，旋转的行为并不会对其产生任何影响。但如果一个物体拥有了磁性，自身能产生磁场，磁场是有指向性的，南北极指向特定方向，这个时候再在空间中旋转这块磁铁，磁场的分布会发生变化，与旋转前的系统并不重合，因此磁性的出现打破了空间旋转对称性。所以给磁铁升温超过居里点磁性消失的过程，是一种相变。

超导现象的出现，又是打破了什么对称性呢？答案是规范对称性。规范对称性的概念相对复杂，需要铺垫的知识过多，若读者对规范对称性的概念感兴趣，可阅读笔者的另外一本著作《六极物理》，该书对规范对称性进行了详细的阐述。

总之，应用朗道这套“对称性破缺”的理论，似乎确实能对凝聚态物理中的种种相进行归类，以及对不同的相变进行判断。甚至根据对于对称性的研究和划分，我们可以预言：晶体的种类，总共有 230 种是可能存在的。

但事实果真如此吗？相变的发生，必然伴随对称性的变化吗？拓扑材料的出现，可以说是否定了这个结论，并彻底打开了凝聚态物理研究的全新篇章。

第6章 拓扑

什么是拓扑（topology）？简单来说，拓扑就是不关心几何体的具体形状，只关心它们的连接方式。比如，一个有把手的咖啡杯，在拓扑上跟一个甜甜圈是一样的，在拓扑学看来它们是同一个东西，因为它们都只有一个洞。如果用橡皮泥捏出一个咖啡杯，我们可以在不关闭洞的情况下，再把它捏成一个甜甜圈。但是一个球就不行了，球体是没有洞的，你要把它捏成一个咖啡杯，就必须要在上面凿一个洞，或者要把它拉长两端粘在一起。也就是说，我们无法顺滑地把一个物体变化成一个拓扑结构跟它不一样的物体。拓扑结构意味着稳定性，一个拓扑结构一旦形成，连续、顺滑的扰动和干扰无法改变它的拓扑结构。这种针对变化始终保持不变的稳定性有一个专门的形容词，叫鲁棒性或稳健性（robustness）。

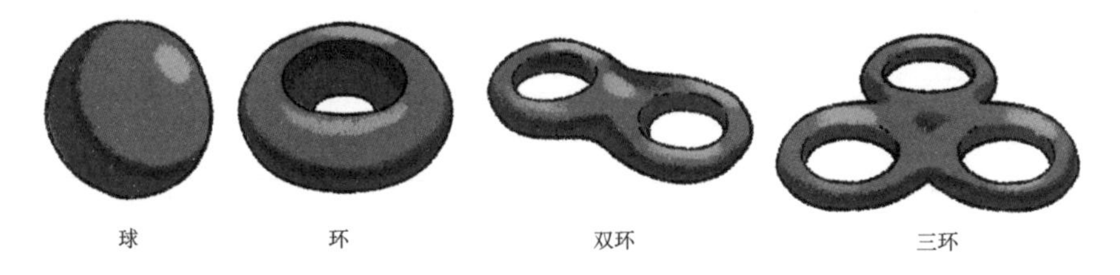

从左往右，分别是亏格为 0、1、2、3 的拓扑结构 ▲

凝聚态物理的一个全新发展方向，就是对拓扑材料，或者说拓扑序（topological order）的研究。拓扑序是这样一种秩序：拓扑序表现出来的是一种不变性，即便系统的各项参数发生变化，拓扑序所对应的属性并不发生任何改变。更为重要的一点，就是拓扑序的存在，打破了朗道提出的，用对称性破缺来区分相变的标准体系。如此说来还是太过抽象，让我们看几个重要的拓扑序的例子。

量子霍尔效应

20世纪80年代发现的量子霍尔效应（quantum Hall effect）打开了凝聚态物理中研究的新篇章，是一种典型的拓扑序。首先要了解一下普通的霍尔效应。霍尔效应在1879年由美国物理学家埃德温·霍尔（Edwin Hall）发现。最初的霍尔效应其实很简单，将一块方形金属板两端接着导线通上电，这时导线里会有电流流过，这时垂直于金属板加上一个磁场，稳定之后就会在金属板垂直于电流方向产生一个电压，会产生这个垂直于电流方向的电压的效应，就叫作霍尔效应。

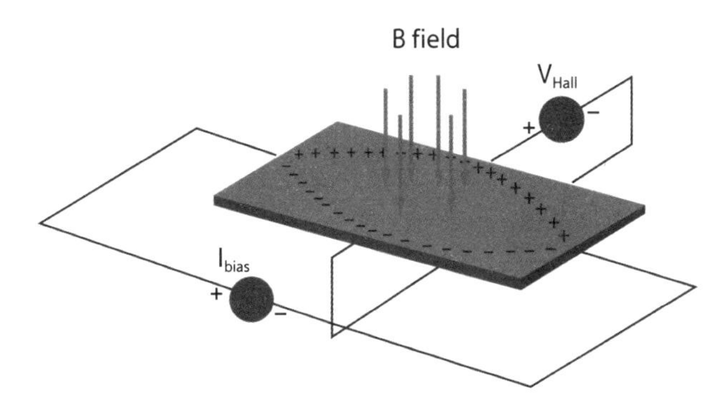

◀ 霍尔效应示意图，电子通过二维金属板，金属板两端有外接电压，同时存在垂直于金属板的磁场。运动的电子在经过磁场时会在洛伦兹力的作用下偏转，并在金属板的两端堆积，形成电压，当该电压与外接电压相等时，电子不再偏转，从而形成了稳定的电流

为什么会产生这个电压呢？我们知道，电流就是带电粒子的定向运动。由于存在垂直于速度方向的磁场，带电粒子会在洛伦兹力的作用下拐弯，电荷打到金属板的侧面并堆积起来。堆积起来的电荷会产生一个电场，这个电场又会对电流里的电子产生库仑力，库仑力的方向跟洛伦兹力的方向相反。即当堆积的电子多到一定程度，使得这两种力互相抵消时，电荷堆积的现象就会停止。这时带电粒子的受力恢复平衡，它会继续往原本的电流方向运动。而堆积的电荷会在垂直于电流流动方向产生一个电压，这个现象就是霍尔效应。此处我们可以定义一个数值，叫霍尔电阻，它等于横向的霍尔电压的大小，除以纵向流动电流的大小。

霍尔效应解释起来其实挺容易的，但是神奇的是，20 世纪 70 年代到 80 年代，科学家们发现了一种奇特的霍尔效应——量子霍尔效应。在温度极低的环境下，把霍尔效应的磁场加强到一个超强等级，就会出现量子霍尔效应，这时系统的霍尔电阻是一个量子化的数值。普通的霍尔效应在加了一个磁场以后会达到稳定态，这时由于电荷的堆积会产生一个垂直于电流方向的电压，我们把这个电压叫作 V，原本的系统通电后会产生一个正常的电流，用字母 I 表示。我们定义一个数值叫霍尔电阻 R，$R=V/I$，就是这个霍尔系统的霍尔电阻。霍尔电阻 R 应该跟什么参数有关？R 等于横向电压 V 除以纵向电流 I，影响电流大小的有电荷密度，以及单个电荷的带电量，这里带电粒子就是电子，所以单个电荷带电量就是 e。

堆积的电荷建立的横向电场产生的库仑力要跟洛伦兹力平衡，但是洛伦兹力又正比于外加磁场，由此可以简单推论，这个横向的电场应该与磁场的大小有关。可以想象，当我们调节外磁场的大小，整个霍尔电阻也会随之变化，且应该是一条斜向上的平滑直线。磁场越强，堆积的电荷越多，相应的横向电压就越大，霍尔电阻就应该越大。

如果我们把磁场强度提升到 10 T（特斯拉，磁感应强度单位）（地球的磁场只有 1/100 T 左右，10 T 基本上是地球上能造出来的最强磁场的数量等级了。当然，如果不要求磁场恒定，强场实验室中的脉冲磁场强度可以超过 100 T），再将温度降低到 1 K 左右。实验的效果非常神奇，我们会发现这个霍尔电阻的图像，画出来居然是阶梯状的。

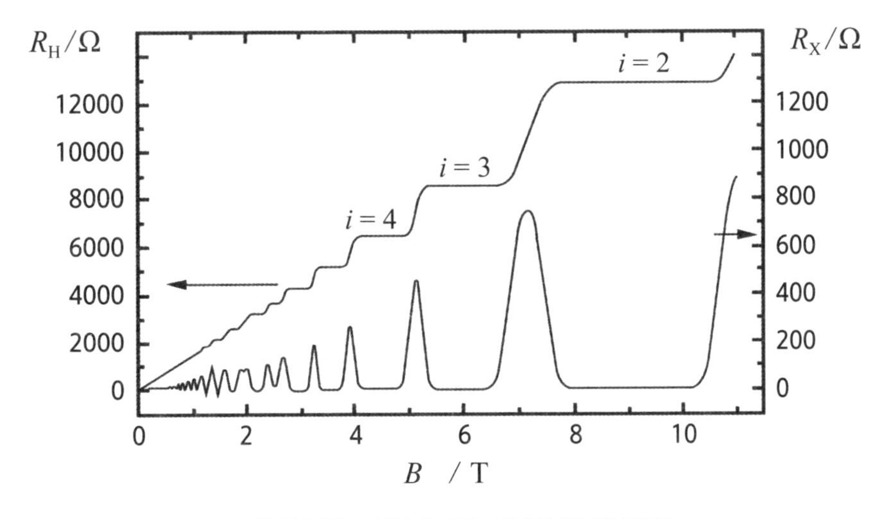

在量子霍尔效应的物理过程当中，霍尔电阻将呈现量子化的特征，▲
图中的阶梯状平台，便是霍尔电阻量子化的展现

也就是随着外加磁场的变化，当磁场很强的时候，霍尔电阻在一定范围内都是一个精确的恒定值，只有当磁场再强过一个大台阶，电阻才会有一个大的跳跃，然后再到一个新的恒定值稳定住。这每一个台阶的霍尔电阻的大小，其实可以写成［$(1/\nu)h$］$/e^2$，ν 是任何正整数，可以是 1，2，

3，4，…。也就是霍尔电阻的大小其实是以整数个霍尔电阻单位来变化的。并且这个电阻的阶梯形态特别稳定，哪怕金属板形状有变化、纯度不高，一些细微的扰动和变化都不会影响霍尔电阻的阶梯形态，它的数值是一个精度达到了 10^{-10} 的整数，即误差不超过百亿分之一。

外加磁场分明是连续变化的，为什么霍尔电阻却按整数规律离散地变化呢？说到离散，就想到量子化，并且这个电阻里还有普朗克常量 h，说明与量子力学有关。极低温下，正是多粒子系统量子力学效果占据优势的时候。

如何用量子力学来分析霍尔量子效应呢？首先来想象一下当磁场比较弱的时候，电子的运动轨迹。磁场较弱时，洛伦兹力小，电子在洛伦兹力作用下做圆周运动的半径较大，因为力很小没法让它产生很大的偏转。这种情况下，大部分电子起初都会被打到金属板的侧面。但如果磁场极强，这些电子会受到极强的洛伦兹力，甚至可以让这些电子原地转圈，形成一个个圆圈状的运动轨迹。在这种情况下，这个金属板要想导电就没那么容易了。在量子霍尔效应中，金属板内部（bulk）的电子都在原地转圈，无法在电路里整体流动形成电流。因此霍尔电流的贡献，仅仅来自金属板边缘的电子。金属板边缘的电子，我们假设它跟金属板边是弹性碰撞，正面碰上去之后会原速反弹继续形成一个新的半圆，转下去，再正碰，再反弹，如此反复。

所以，在磁场极强的情况下，只有边缘电子可以参与导电。有了这个认知，再来看看强磁场低温情况下，金属板里电子的运动状态符合什么规律。显然我们不能再用经典的电磁学去描述这些电子的运动，而是应该用

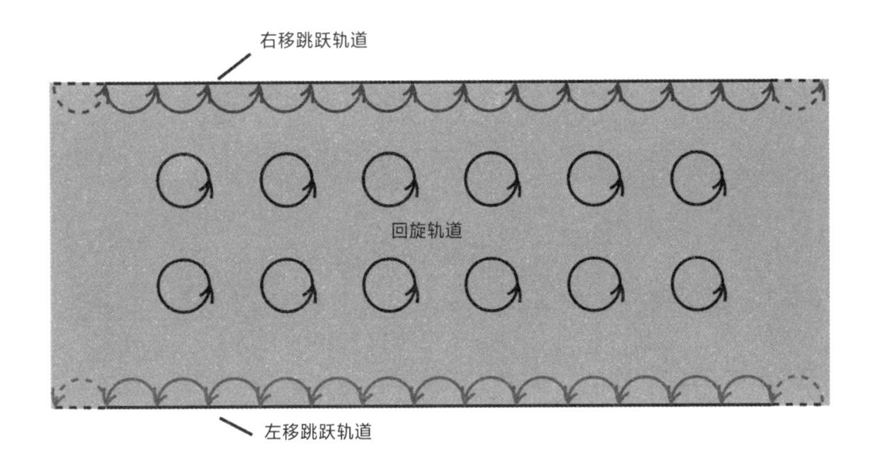

量子霍尔效应中，电子的运动规律：在材料的内部，电子原地转圈，在材料边缘，电子形成定向的贴边运动 ▲

薛定谔方程去描述它们的量子行为。

薛定谔方程描述的是电子的能量。电子的能量有两部分，一个是电子的动能，一个是磁场提供的势能，这便可以求解它的薛定谔方程。那么很自然地，可以猜想这跟原子里的电子轨道一样，量子霍尔效应的薛定谔方程也可以解出能量的量子化。在量子霍尔效应里解出来的、能量量子化的能级，叫作朗道能级（Landau level），这是由苏联著名物理学家朗道率先发现的。每个能量等级都可以放电子。在量子霍尔效应环境下的电子能量都是量子化的，至于具体处在什么样的能量等级，就跟在原子里把电子填到各个轨道里的过程一样，量子霍尔效应里的电子，要先填能量最低的等级，然后一个个往高能量等级填，以满足能量最低原理的要求。

这样的能级怎么解释量子霍尔效应呢？霍尔电阻的阶梯状怎么出来的？这就要深入地理解霍尔电阻的定义，霍尔电阻是横向电压比电流。而电流其实只跟边缘的电子运动状态有关。横向电压又跟什么有关呢？横向电压与堆积在金属板边缘的电荷数量有关，也就是跟堆积在金属板边缘的电荷密度有关。两个密度之比其实就决定了霍尔电阻的大小。

在变化的磁场强度情况下，如果金属板边缘的电荷密度与边缘电流的电子密度之比，是一个恒定不变的值，这就可以解释为什么霍尔电阻在提升磁场的情况下是一个恒定的值了。通过解薛定谔方程可以发现，电子的不同能量等级对应了不同的朗道能级，也就是电子在二维金属板当中，电子的排布状态也是从低能量开始的，填满了低能量的朗道能级，才会再填高能量的朗道能级。来看单个电子的行为，这块金属板里有一定数量的电子，每一个电子平均下来都占据了一块空间，这样就存在一个数值，叫作电子密度。这个电子可以在这块空间里面按照它的朗道能级来排布。我们知道电子在朗道能级里的运动形态是转圈或者转半圈的，转圈对应于金属板内部，转半圈就对应于金属板边缘。

电子转圈，本质是因为有磁场通过，电子是围绕着磁场转圈，磁场强度越大圈的半径就越小。因为磁场强度越大，洛伦兹力充当的向心力就越强，越强的向心力就能让电子转越小的圈。每个圈代表了一个电子可以占据的状态。每个圆圈都有面积，磁场越强圆圈的面积就越小。也就是一个电子占据的面积中，磁场越强，圆圈越多。

现在我们来论证，一个电子占据的面积中，圈越多，运送的电流就越小。如果一个电子占据的面积中有三个圈，也就是最多可以容纳三个电子在这个面积里参与电流的输送，但是这个时候其实只有一个电子（我们的观察对象只有一个电子，研究的也是这一个电子分配到的占据面积，在边缘上，面积就变成了长度），只能占据一个圈，也就是这块区域输送电流的能力没有被填满，因此电流是比较小的。如果磁场不大，一个电子占据的面积中，只有一个圈，那就说明这里面可以运送电流的能级都被占满了，这样运送电流的效率高，电流就大，相应的霍尔电阻就小。所以这就解释了为什么磁场越强霍尔电阻越大。因为磁场越强单位面积内的圆圈数量越多，但电子数是恒定的，相应空的圈就多，输送电流的能力就弱，因此电阻就大。

电阻的量子化又应该怎么解释呢？不要忘了，朗道能级的不同能级之间有能量间隔，也就是能隙。单位面积里的圆圈的个数只能是整数个，比如说单位面积是1，假设圆圈的面积是0.3，这时候单位面积里就只能有3个圆圈，不能有3.3个圆圈，0.3个圆圈对应的能量不以整数变化，刚好落在能隙当中，是不被量子系统所允许的。也就是单位面积里的磁场圈个数只能是整数个，2，3，4，5个都可以，但是2.5个就不行了。

圆圈的个数是量子化的，因此在连续变化的磁场中，一定范围内，单位面积里圆圈的个数是恒定的，只有变化到一定程度，圆圈的个数做整数的变化，才有可能改变霍尔电阻。比如说单位面积是1，圆圈的面积是0.5，那单位面积里可以容纳2个圈，当磁场连续增大，圆圈的面积从0.5开始连续减小，那么直到圆圈面积减小到0.33之前，这块面积中的圆圈的个数都是2个，这就出现了磁场变化，但是单位面积里圈数不变化的现象，圈的个数不变说明霍尔电阻不变。这就是为什么霍尔电阻在强磁场的情况下，不是连续变化，而是跳跃变化的。磁场的大小在一定范围内，霍尔电阻便是量子化的。

量子霍尔效应中，霍尔电阻表现出来的量子化，恰恰就是它拓扑属性的一种，在一定磁场大小的范围内，霍尔电阻并不会有任何变化，并且霍尔电阻与材料的大小、形状并无明显关系（只要是金属薄板，二维系统即可）。这恰恰就好像一个拓扑结构一样，好比一个甜甜圈，不管你如何变化扭曲它的具体形状，就算把甜甜圈捏成一个咖啡杯，它的拓扑结构并无任何变化。而量子霍尔效应也一样，随着磁场增强到一定程度，它的霍尔电阻会有量子化的跳跃，这种量子化的跳跃就好比改变了一个拓扑体的拓扑结构一样，例如从一个洞变成两个洞。当霍尔电阻作量子化跳跃的时候，霍尔系统就发生了相变，不同的霍尔电阻是不同的相，但是要注意的是，即便是不同的相，这里面霍尔系统的对称性没有发生任何变化，在不同霍尔电阻情况下，如果看电子的运动状况，无非是电子在朗道能级里转圈的半径有所变化，但一个圆的对称性与其半径大小是完全无关的。因此量子霍尔效应作为一种拓扑序，并不能用朗道的对称性破缺理论来进行解释。除此之外，当我们在讨论拓扑结构的时候，必然要定义拓扑不变量（topological invariant），所谓拓扑不变量，即是那些在连续的变化下不变的量，例如一个甜甜圈，不论我们怎么变化其具体形状，就算把它变成一个咖啡杯的形状，不变的就是这个形状上始终有一个洞［拓扑学的专业术语叫亏格（genus）］。既然量子霍尔效应是一种拓扑序，它的拓扑不变量又是什么呢？如果从物理现象上进行描述，其实就是霍尔电阻，或者说电阻的倒数，叫霍尔电导（Hall conductance），在一定的、环境连续变化范围内，磁场强度的变化，材料形状的变化，并不影响霍尔电导的大小，它对应了在材料边缘当中，电子态的个数，这就是量子霍尔效应中的拓扑不变性，当然如果非要用一个数学上的量来描述这种拓扑不变性，量子霍尔效应当中的拓扑不变量是“陈数（Chern number）”，是著名的数学家陈省身最先提出的、来自微分几何的概念。

拓扑绝缘体

在2005年左右，一种全新拓扑材料的发现，可以说是席卷了整个物理学界，那便是拓扑绝缘体（topological insulator）。拓扑绝缘体的物理性质，如果用简单的科普语言来描述，那就是内部绝缘，只在表面导电的物体。

张首晟教授在拓扑绝缘体的研究方面做出了极其突出的贡献，不仅从理论上预言了拓扑绝缘体的存在，还预言了碲化汞（HgTe）可以成为拓扑绝缘体，并被实验所验证。因此杨振宁先生也曾评价说张首晟获得诺贝尔奖只是时间问题，可惜张教授英年早逝。本书编写小组中，普林斯顿大学的廉骉教授与斯坦福大学的祁晓亮教授均是张教授的学生，我们也通过与张教授的另外一位学生、普林斯顿大学物理系教授贝内维格（Andrei Bernevig）的交流，还原了当时拓扑绝缘体研究工作的过程，而贝内维格是当时这项工作的主要合作者之一。而张首晟教授本人，也做过很多关于拓扑绝缘体的科普工作，接下来我们就尽量用张教授的科普方法来对这项重要工作进行介绍。

前文我们说到，拓扑绝缘体，如果只从简单的物理现象上对其进行描述，那便是一种内部绝缘，只在表面导电的绝缘体。那有人可能就有疑问了，这不是稀松平常吗？找一块木头，木头是绝缘的，再在外面包裹一层金属，这不就符合了“内部绝缘、表面导电”的特性吗？或者说一个瓷器花瓶，瓷器是绝缘的，但是在瓷器花瓶表面上进行镀金装饰，这不也是“内部绝缘、表面导电”了吗？非也，因为镀金的花瓶并无“拓扑”的属性。如果镀金花瓶的表面被环境侵蚀了，镀金层脱落了，会丧失原本的导电性，这种“内部绝缘、表面导电”的性质就消失了，即便不消失，它的导电特性也会受到其具体形状以及环境的影响。而真正的拓扑绝缘体，没有这个问题，拓扑材料都拥有较强的、针对外部环境变化的鲁棒性。如果一块拓扑绝缘体的表面被氧化、腐蚀，丧失了原有的特性，则它下一层的区域就会变成整块材料新的表面，而这一层新的表面，会继续拥有导电性，并且这种导电性是量子化的，具有拓扑不变性。哪怕操作得更极端一些，把一块拓扑绝缘体一分为二，那么这两块绝缘体仍然各自是拓扑绝缘体，每一块都有新的导电表面，而普通的绝缘体材料是不会拥有这样的性质的。拓扑材料是如何做到这种强鲁棒性的呢？还是要回溯到前文介绍的量子霍尔效应。

在强磁场的作用下，二维导体中的电子，只能在导体的边缘进行传播，因为在导体内部，电子只能在原地做圆周运动，因此它们不参与导电。并且这种边缘的导电性十分稳健，即便碰到障碍物，例如一些材料中的杂质，它们也只会绕行。在该状态下的边缘态电子，宛如冲上了高速公路的跑车一般，可谓畅通无阻，并不受环境影响。这是量子霍尔效应为何是一种拓扑态的原因。但量子霍尔效应的实现，极其困难，不仅整个实验必须要在温度极低的环境下进行，还需要外加强度极高的磁场（10T

左右）。

同样都是内部绝缘，边缘或者说表面导电，拓扑绝缘体却不需要外加磁场，这又是如何做到的呢？实际上就是把两个量子霍尔效应的系统，反向叠加起来。一个量子霍尔系统 A，电子在上表面与下表面的运动方向是相反的，因为电子在磁场中受到的洛伦兹力，决定了它的运动方向。假设这时再准备另外一个量子霍尔系统 B，这个系统 B 当中的磁场方向与系统 A 中的磁场方向刚好相反，则系统 B 中上下边缘的电子运动方向，也刚好与系统 A 中的电子运动方向相反。让这两个系统重合，则整个系统中，上下表面各有两个态，并且磁场方向相反，刚好抵消，岂非不需要外加磁场了吗？但事情没有那么简单，磁场是抵消了，上下边缘各两个电子传输的状态，一左一右，也刚好抵消了，这种状态下，这个叠加过后的系统，也与一个普通绝缘体无异了，并不会存在“边缘导电”的现象。拓扑绝缘体之所以有边缘导电的现象，是因为电子存在自旋，并且由于电子的自旋，它可以不借助外磁场，从材料本身获得一个内在的等效磁场，这也是张首晟教授与贝内维格于 2005 年发表的那篇著名的《量子自旋霍尔效应》（Quantum spin Hall effect）中提出的理论。Kane 与 Mele 的科研团队也在同时期发表了与拓扑绝缘体相关的学术论文《Z2 拓扑序与量子自旋霍尔效应》，两个科研团队在相同的时间段内，分别独立地提出了拓扑绝缘体的物理现象。此处的关键是一种叫作自旋轨道耦合（spin-orbit coupling）的机制。自旋是基本粒子的固有属性，费米子拥有半整数自旋，而玻色子则拥有正数自旋。所谓自旋，就是它们拥有固有的磁性，粒子的磁性让它们就好像小磁铁一样，会产生磁场，同样地，在外磁场的作用下，它们的自旋方向也会发生偏转。电子作为费米子，自旋是 1/2。电子同时带电，所以一旦发生定向运动，就会产生电流。而电流会产生磁场，磁场又会作用在自旋上。所谓自旋轨道耦合，就是电子的自旋与其运动形成的电流所产生的磁场之间的相互作用。

在拓扑绝缘体中，电子会与其轨道运动产生的感应电流发生自旋轨道耦合作用，就宛如电子置身于磁场中一般，尽管这种情况下，并没有外部磁场施加其上。电子自旋的方向不同，其感受到的等效磁场方向也不同，所受洛伦兹力方向也不同，因此会在其每个边缘，都存在两个运动方向，一左一右，并且向左运动的电子与向右运动的电子，它们的自旋方向相反，必然一上一下。

从前文推理我们可以看出，拓扑绝缘体的边缘导电性与材料的具体

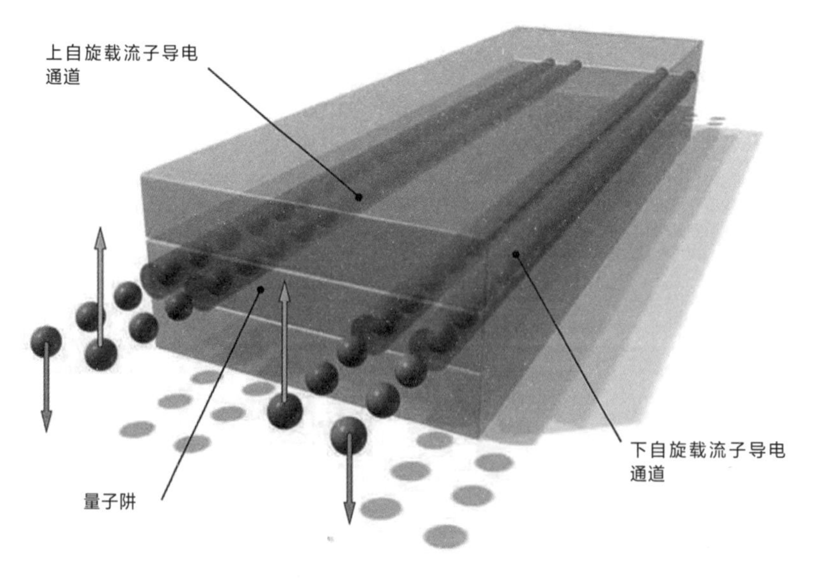

二维拓扑绝缘体边缘态的示意图 ▲

形状和是否有杂质等环境因素，并无太大关系，只要存在自旋轨道耦合效应，都可以出现这样的边缘电子态，并且这种边缘导电性与量子霍尔效应一样，具有极强的鲁棒性，它也是一种拓扑态。并且拓扑绝缘体实际上并非两个量子霍尔效应的叠加这么简单，因为它们在对称性上有显著差异。前文介绍对称性时，我们曾提到时间反演对称性，量子霍尔效应并不满足时间反演对称性，拓扑绝缘体则是满足时间反演对称性的。试想让时间倒流，在量子霍尔效应中，电子无法原路返回，而在拓扑绝缘体中，由于电子自旋在时间反演的情况下，会上下颠倒，所以即便时间反演了，等效的结果是，电荷的移动方向以及其对应的自旋方向与时间正向的时候，并无二致，因此拓扑绝缘体的拓扑状态，是被时间反演对称性所保护的。Kane 与 Mele 的《Z2 拓扑序与量子自旋霍尔效应》一文中，也提到了类似的物理学效应。前文也曾说到，对称性对应守恒量，所以拓扑绝缘体的鲁棒性也体现在时间反演对称性上。

拓扑绝缘体的特性有赖于自旋轨道耦合效应，而要达成较为显著的自旋轨道耦合效应，通常需要比较重的元素，这也是为何张首晟教授成功预言了碲化汞这种材料中，可以找到拓扑绝缘体，这源自他对材料性质的熟悉以及极强的物理直觉。二维拓扑绝缘体的实验很难做，因为绝对的二维材料并不存在，只能通过一些办法把材料做得非常薄，让材料中的电子自由度在厚度的维度上可以忽略，我们称之为准二维的材料。而将碲化汞制作成二维的量子阱结构通常是为了得到窄能系的半导体材料，这种材料通常用来制作远红外探测器，在夜视仪等一类的产品当中有所应用。全球能做出这样材料的团队不多，而位于德国维尔茨堡的莫伦坎普（Molenkamp）的实验组对于这类材料的量子阱生长、电子能带结构，以及其输运性质和光学性质已经钻研了几十年。但这个实验小组对于这种材料的研究，其实并无广泛应用，这属于一个极其细分的领域。关于这个材料量子阱的能带结构被很好地总结在一篇用德文写的博士论文里。在张首晟教授开始关注这个材料之前，没有人将这个材料的物理性质和拓扑材料相关联，那篇德文博士论文也被淹没在浩瀚的文献海洋里，其作者也离开了学术界，在工业界找了工作。而张首晟曾在德国的自由柏林大学求学，懂得德语。在一次对维尔茨堡的访问中，首晟从莫伦坎普那里得到那篇博士论文，并且在返回美国的途中阅读了论文。从论文中，他终于触摸到了那个一直在苦苦追寻的灵感：碲化汞量子阱的电子态的低能有效理论是可以通过二维狄拉克方程来描述的。而狄拉克方程，通常是用来描述相对论性电子的，这需要电子拥有很高的能量（例如运动速度接近光速）。狄拉克方程是英国著名的物理学家狄拉克当年为了研究把狭义相对论融入量子力学所做出的重要贡献，其预言了反粒子的存在。而在凝聚态物理中，电子的能量普遍很低，通常只需要用薛定谔方程来描写。但当电子在晶格中运动时，处在边缘的电子行为，由于晶格的作用可以变得非常奇异，而描述这种边缘电子奇异行为的理论通常被称作电子态的“低能有效理论”，这里“低能”是指电子的能量和费米面的能量的差很小。最著名的例子是电子在二维石墨烯里的运动规律，需要用无质量的狄拉克方程来描写，这里电子质量代表着能隙，所以“无质量”意味着零能隙。在碲化汞的量子阱结构里，首晟意识到，不仅低能电子态需要用二维狄拉克方程来描写，这些狄拉克型电子的质量（或者说能隙）可以通过量子阱的厚度来调节。通过计算，首晟确认了当量子阱里的碲化汞层的厚度大约是6.3nm时，电子质量几乎为零，所以其行为非常类似于我们在石墨烯中看到的电子行为。而当碲化汞层的厚度变化到大于6.3nm时，电子质量（能隙）会改变其正负号（从正号变到负号），而电子质量符号的改变正对应着材料拓扑性质的改变。材料的边界上会出现螺旋边界态，从而实现二维量子自旋霍尔效应。而正是因为莫伦坎普的实验组在这种材料的制作方面拥有丰富的经验，他们与首晟及其团队密切合作，使得二维拓扑绝缘体很快就在实验上被证实了。据本书编著者祁晓亮回忆：当时首晟自己也并不熟悉技术细节，因为这个专业方向划分极细，但首晟直觉上有大致的方向，所以坚信自己的物理直觉，往这方面进行探索。真到成功的那一天，至今想起来都觉得很不可思议，顶级物理学家的直觉真的就能在线索不清晰的情况下，领先很多步预判结果。

2012年，张首晟获得奥利弗·巴克利奖（Oliver Buckley Prize），右一为劳伦斯·莫伦坎普，是维尔茨堡实验室的负责人，右二为张晨波，首晟之子，亦为本书编著者之一 ▲

以上所述的还是二维的系统，既然是拓扑绝缘“体”，它应该是一个被推广到三维也成立的物理学现象。

从量子自旋霍尔效应（二维拓扑绝缘体）到三维拓扑绝缘体，这样的推广之所以可能，是因为电子的速度是一个矢量，而电子的自旋也是一个矢量。量子自旋霍尔效应边界态的独特性质是，这两个矢量有一个完美的关联：比如向左走的电子全都自旋向上，向右走的电子全都自旋向下。这件事情可以自然地推广到一个三维的晶体的二维表面上：可以想象存在这样一种表面态，其电子速度的方向和自旋的方向都在表面内，相互保持垂直。

三维拓扑绝缘体的概念由三篇论文独立提出［作者分别是傅－凯恩－梅莱（Fu-Kane-Mele）、摩尔－巴伦特斯（Moore-Balents）、罗伊（Roy）］。有趣的是，虽然三维拓扑绝缘体在概念上是量子自旋霍尔效应的推广，在实验实现中却比量子自旋霍尔效应要简单得多，原因是三维材料只是简单的晶体，不需要去制备量子阱这样的复杂结构。第一个三维拓扑绝缘体材料是 Bi 和 Sb（铋锑合金），由傅－凯恩的论文预言，普林斯顿大学的扎西德·哈桑（Zahid Hasan）和罗伯特·加瓦（Robert Cava）首先实现。在 2008 年，首晟和戴希、方忠研究组的合作提出了最简单的三维拓扑绝缘体系统，包含三种相同结构的材料碲化铋 (Bi_2Te_3)、硒化铋（Bi_2Se_3）、碲化锑 (Sb_2Te_3)。这三种材料因为性质简单、容易制备，从此成为三维拓扑绝缘体的黄金标准。因为三维拓扑绝缘体的材料容易制备研究，拓扑绝缘体领域也从此真正“起飞”，变成凝聚态物理里面的一门“显学”。

拓扑绝缘体除了自身是一种极其有趣的新物理形态以外，它也可以被用作工具，造出其他神奇的材料。著名的量子反常霍尔效应（quantum anomalous Hall effect）就是其中之一。量子反常霍尔效应最早是由普林斯顿大学物理教授邓肯·霍尔丹（Duncan Haldane）提出的。霍尔丹于2016年获得诺贝尔物理学奖，这项科研工作是重要原因之一。为了了解量子反常霍尔效应，还是要先回到量子霍尔效应。在量子霍尔效应中，尽管在边缘上，电子的导电属性非常好，基本无视杂质和各种材料的质素，并且理论上无耗散，大家就想着是不是能用这个优质的边缘导电性做成电子元器件，但无奈量子霍尔效应需要的外磁场太强了，用来做电子元器件并不现实。那是否有办法找到一种材料，既能保持良好的边缘导电性，又不需要外加磁场呢？霍尔丹于1988年发表在《物理评论快报》（*Physical Review Letters*）上的一篇文章，就提出了一个可行的方案，当然霍尔丹那时还就职于加州大学圣迭戈分校（UCSD）。这篇文章的题目是“无朗道能级的量子霍尔效应模型：‘宇称异常’的凝聚态物质实现”（Model for a quantum Hall effect without Landau levels: condensed-matter realization of the 'parity anomaly'）。简而言之，霍尔丹发现，量子霍尔效应拥有如此的边缘导电态，本质上并非因为加上了强磁场，而是系统的时间反演对称性被破坏了，而加外磁场不过是破坏时间反演对称性的一种方式。于是霍尔丹构筑了一种特殊的晶格模型，基本上是一块石墨烯，即单层石墨，只拥有二维结构[①]，传统的晶格

① 石墨烯当时并未在实验室发现，并且当时学界的主流意见是这种二维结构不能稳定存在，当然2010年的诺贝尔物理学奖就颁发给了制作出石墨烯的科学家，推翻了二维结构不能稳定存在的成见。

模型当中，一般只考虑相邻位点的相互作用，而霍尔丹把次相邻位点的相互作用也考虑了进去。霍尔丹证明了，如果我们能在这样的晶格网络中等效地施加一个方向不断变化的磁场，使得在晶格中相邻位点和次相邻位点的磁场方向总是相反，这样总磁场为零，但一样可以使时间反演对称性破缺掉，产生一种拓扑序，这种拓扑序会使得同样存在如量子霍尔效应那样的边缘电子。

但实际上，这种周期性变化的磁场要比量子霍尔效应中的单向强磁场更难实现，但它确实从理论上使得不加外磁场变为可能。而拓扑绝缘体的应用使得量子反常霍尔效应的实现变得可能，这项工作是由当时在清华大学任教的薛其坤院士领衔完成的，首晟在这项工作中也做出了十分关键的工作。而杨振宁先生也盛赞这是一项诺贝尔奖级别的科研成果。

张首晟与薛其坤合影 ▲

虽然霍尔丹认识到量子霍尔效应可能在外加总磁场为零的情况下实现，但他的玩具模型起初被认为不可能存在于真实材料中，所以这个工作在很长时间里都被忽视了。然而首晟关于量子自旋霍尔效应的研究为这个课题带来了新的思想。量子自旋霍尔效应可以看成是自旋向上和向下的两个量子霍尔效应的系统的反向叠加，并且自旋向上和向下是通过时间反演对称性联系在一起的，那么如果我们通过按照特定的方式来破坏体系的时间反演，使得其中一个自旋的量子霍尔效应消失，而另外一个自旋被保留，我们就可以得到量子反常霍尔效应。要达到这一点，可以通过对拓扑绝缘体进行磁性掺杂，这构成了很长一段时间内实现量子反常霍尔效应的基本思路。在具体材料上，首晟和他的学生刘朝星首先提出对碲化汞量子阱掺锰元素来得到量子反常霍尔效应，但可惜这个体系在低温下会呈现反铁磁的关联特征，所以还是需要一个小的磁场来极化锰的磁矩（从实际操作上来看，依然需要外磁场），所以无法证明这里的量子霍尔效应是从磁矩而不是磁场得到的。随后，首晟与戴希和方忠的研究组合作，展示了三维的拓扑绝缘体，像碲化铋，通过磁性掺杂可以实现量子反常霍尔效应。

这个理论预言虽然简单直接，但实验上的实现却并不容易，尤其是磁性杂质的选择和样品质量的控制，需要进行长期的材料生长方面的探索。在经过相当长时间的努力，经历了生长一千多块样品的失败之后，薛其坤组终于成功地在铬元素（Cr）掺杂的碲化铋和碲化锑上观察到了零磁场下的量子霍尔电导，从而实现量子反常霍尔效应。

拓扑绝缘体有如此神奇的物理性质，那它在实际应用方面有什么价值吗？当然有，其中一种极具潜力的应用方向，正是芯片。拓扑绝缘体的物理原理，有可能帮助我们获得一种从原理上，与现代主流的硅芯片截然不同，但性能却被大大提升的芯片。

在过往几十年中，信息产业的蓬勃发展得益于算力的提升。计算机的计算原理是通过晶体管组成的逻辑门，对0与1的比特信号进行逻辑处理。而计算机算力的提升，其实就反映在晶体管的体积越做越小，因为单位体积内可以容纳越多晶体管，算力就提升得越多。晶体管其实就是以硅为材料的半导体。在过往几十年中，算力的提升可以用摩尔定律来描述，即每过 18 个月，算力提升一倍，这主要是靠缩小晶体管的大小实现的。像今天世界领先的技术，已经可以把晶体管的大小做到 3nm 左右。

但摩尔定律即将面临失效，一方面是因为尺寸越做越小，其物理性质将要接近量子极限，小到一定尺度，例如 3nm 的尺度，只能容纳几十个硅原子，而传统的电子计算依靠的还是经典的能带理论，尺寸再小，量子遂穿效应将会变得显著，从而计算的正确性将难以保证。另外一方面，电子在电路中的运动，并非畅通无阻，即便电阻很小，随着晶体管尺寸的缩小，发热问题也将变得显著。拓扑绝缘体用来解决这两个问题就大有优势，第一是因为拓扑绝缘体在边缘上的导电性极好，即便材料并不纯净，在有杂质的情况下。这在传统材料中，都是损耗的来源，但由于拓扑绝缘体边上的电子，在传输过程中即便碰到障碍物，也是顺滑地绕行，所以拓扑绝缘体做成的芯片，将不会有严重的发热问题。除此之外，拓扑绝缘体的边缘电子的传播方向与自旋是有严格的关系的，特定方向传播的电子必定有特定的自旋，这种由时间反演对称性保护的拓扑性质，可以使得信号的传输拥有很高的可靠度，我们甚至可以通过控制电流来传递0和1的信号。例如，我们规定自旋向上是信号0，自旋向下是信号1，因为拓扑绝缘体边缘的导流电子，其运动方向与自旋方向严格相关，我们通过控制不同方向的电流，就相当于在传输0和1的比特信息。从而做出一种低能耗、高精度的芯片。

从拓扑材料我们可以看出，在第一篇当中我们所做的一些猜测，开始得到验证了。我们在第一篇中曾经猜测，尽管从还原论的观点来看，复杂的东西由简单的东西构成，但反过来，复杂的系统是否也可以演化出一些简单的规律？并且这种由复杂产生的简单，未必能通过还原论构造的微观理论得出。从拓扑材料当中，我们会发现存在一些极其简单的规律和现象，例如量子霍尔效应中，系统的形状与其导电性没有一一对应的关系，导电性是量子化的；拓扑绝缘体中，表面的电子就好像丧失了质量一般，并且其表面的导电性也是量子化的，与拓扑绝缘体本身的形状基本无关。这就好像一个拓扑体一样，一个拓扑体的拓扑不变性与其具体的形状没有关系，只与其拓扑结构有关。不论你如何扭曲一个拓扑体的具体形状，只要它的拓扑结构不变，它的某些性质就不会改变。例如一个甜甜圈，不论你把它捏成一个杯子的形状，还是别的什么形状，只要它上面还有一个洞，它的拓扑属性就不变。这种不变性是如此强健、稳定。或者如前文所述，这种性质表现为一种鲁棒性。为什么说凝聚态物理系统表现出来的这种鲁棒性，部分验证了反还原论的猜想呢？这是因为粒子物理的终极目标，就是找出所有基本粒子，而粒子物理可以说是充分贯彻还原论去进行的，不断寻找组成万事万物的、更小的基本构成单元。

基本粒子为何基本？因为它们小到不可再被分割了，或者说就我们目前在实验上可以做到的能量等级，无法发现更微观的结构了。不论外部环境如何变化，不论我们如何去用更高的能量轰击这些基本粒子，我们都很难再将它们拆得更小。换言之，这些基本粒子之所以基本，正是因为它们具有很强的鲁棒性，一个电子具有元电荷，它就是电荷的最小单位，我们目前无法找到更小的且独立的电荷单元①。

再回看拓扑材料系统当中出现的、由复杂系统中涌现出来的这些简单规律，所拥有的不也是这种鲁棒性吗？那我们是否可以推测，基本粒子之所以基本，未必是因为它们是基本粒子，它们也不过是从一个我们目前从能量尺度上无法探测的、更加复杂的系统当中涌现出来的一种具有很高鲁棒性的秩序。就好比用以描述超导体的金兹堡-朗道理论，其机制与描述希格斯粒子的对称性自发破缺机制完全一致。沿着这条思路往下探索，我们研究基本粒子的方式，是不是出现了另外一种可能性？相比于不断地用还原论的思想去构建关于基本粒子的理论，以及不断建造能量等级更高的对撞机和加速器，企图通过更高能的“大力出奇迹”的方式去发现更加微观、基本的结构，我们是否也可以用一条全新的、反还原论的思路，尝试去构筑复杂的系统。然后去追问，什么样的复杂系统可以涌现出那些我们已知的基本粒子。当我们构筑了一个复杂系统之后，并调节它的参数使得所有已知的基本粒子，都能通过这个系统涌现出来，并继续追问这个系统还能预言什么未被发现的粒子，再进行有针对性的实验，寻找这样的新粒

① 尽管夸克拥有 1/3 的元电荷，但是由于夸克禁闭现象，夸克无法独立存在，实验室中也从未探测到过独立的夸克粒子。

子，这是否也能成为一种全新的，追求终极的办法呢?

这些拓扑材料系统的共同点是：复杂。这些复杂并非单单来自构成它们的物质种类复杂，而是在这些材料中，其组成部分之间的相互作用是复杂的。所以这些从复杂系统中衍生出来的简单规律，究其原因是相互作用。是相互作用，给了我们秩序。说到底，这是一场秩序与无序的斗争。

第7章 秩序与无序的斗争

凝聚态物理的研究对象，顾名思义便是研究处于“凝聚”状态的物体。万物是由原子构成的，如果要获得一个处在“凝聚”状态的物体，我们就需要非常多的原子。而任何宏观物体都是由多到阿伏伽德罗常量量级（10^{23}）的原子所构成的。假设我们现在已经有那么多数量的原子了，它们要如何才能发生“凝聚”呢？很显然，这些原子之间应当要发生相互作用，如果它们之间没有相互作用的话，那我们只需要研究单个原子就够了。原子之间若不存在相互作用，多原子系统的物理性质，似乎不过是多个单原子物理系统性质的叠加。通过研究单个原子，再把单个原子的性质推广到多个原子之上，无相互作用的多原子系统，无非是无数个单原子系统的复制品叠加。如此得出的物理学理论，大致便是描述气体，甚至只是描述“理想气体”的物理理论。理想气体通过克拉珀龙方程就能很好地描述了。所谓理想气体就是假设气体分子之间完全没有相互作用，从而得出这样一个多粒子系统的各种属性，如压强（P）、体积（V）、粒子数 (n)、温度 (T) 之间的关系：

$$PV=nRT$$

刚才说到，如果原子之间没有相互作用，那么这样一个拥有超多原子的系统无非是多个单原子系统放在一起，而这句话显然有大毛病。因为我们描述单个原子的时候，不会用到压强和温度的概念。如果把单个原子抽象成一个刚性小球的话，我们需要用几个物理参数来描述它？一个刚性小球，它的状态应当由它的质量、大小、速度、位置这四个参数唯一决定，哪里来的温度和压强？怎么粒子数多了，就出现温度和压强了？如果粒子数多了，使得我们描述对象的语言改变了，我们必须要解释这种改变是如何发生的。那就要重新定义压强和温度。

压强还比较容易解释，如果用单个原子系统的性质去解释压强，它表现为原子撞击作用力的平均值。当我们说一堆理想气体原子拥有体积 V 的时候，我们脑海中其实是用一个体积为 V 的容器去包裹住这团气体，而气体原子是在运动的，所以当它们撞击到容器壁的时候会给容器壁施加一个撞击力，而在容器壁的单位面积上，每秒都有大量的原子对其进行撞击，因此把这些撞击力取一个单位时间内的平均值就得到了压强。

那温度又是什么呢？对于温度直观的描述是：物体的冷热程度。这是中学物理所教授的关于温度的定义。但所谓冷热，无非是人体的感受，它是相当主观的。

同样地，在物理学中，温度的定义与冷热无关，它被定义为微观粒子动能的平均值。温度在物理学中，是一个统计学概念。只有当粒子数量多到满足统计规律的时候，温度才是一个有效的物理量。所以对于一个理想状态下的单粒子来说，去描述它的温度几乎是不太有意义的。

回到我们的多原子、理想气体系统。既然原子都在运动，则每个原子都有动能，把它们的动能全部加起来，取一个平均值，就得到了这个多原子、理想气体系统的温度了。如此看来，我们似乎还是完成了对多粒子系统的描述，只要它们之间没有相互作用，多粒子系统的物理性质无非是单粒子系统物理性质的叠加。如果我们有一台超级计算机，它能记录阿伏伽德罗常量量级下，每个粒子每时每刻的质量、大小、位置和速度，我们就能算出这个多粒子系统每时每刻的压强、体积、粒子数和温度。我们之所以需要压强和温度这样的宏观概念，完全是因为我们没有这样一台超级计算机！果真如此吗？事情没那么简单，我们几乎错过了这个宇宙中最重要的一条原理，即前文提到的“热力学第二定律”，也叫“熵增定律”。爱因斯坦表达过类似的观点：即便所有物理定律都失效了，热力学第二定律也会是撑到最后的那一个。

还是回到我们的多原子理想气体模型，我们现在把每个原子抽象成了一个刚性小球，并且每个小球完全相同，质量和大小都一模一样。我们在第一篇提到过“全同粒子”的概念，此处的刚性小球模型满足这个概念的描述。如果中学时期学习过动量定理就会知道，如果两个完全相同的刚性小球，发生了完全弹性的正碰（碰撞过程没有能量损失，碰撞前后动能守恒），则正碰之后的效果，是两个小球完全交换了运动状态。打桌球的人肯定有这样的经验，一个运动的刚性小球，去碰撞另一个静止的小球，其结果是撞击的小球静止，被撞击的小球获得了撞击它的小球的速度，以大小和方向完全相同的速度，继续运动下去。如果不去区分具体是哪个小球在运动，且忽略碰撞过程需要的时间，则整个碰撞过程，就好像两个刚性小球互相穿透了一般。

用大量刚性小球的理想气体模型，再来审视一下压强和温度，就会出现问题。虽然说温度和压强是满足统计规律的物理量，但它表现出的是一种稳定性。一团气体，达到了热平衡状态之后，它内部的温度处处相同，气压处处相同。但大量刚性小球的理想气体模型，如果从微观上看，无法表现出这种稳定性。让我们想象一个巨大的刚性小球阵列，这些小球都处在静止状态，那么根据温度的定义，我们可以说这个模型处在绝对零度的状态（虽然根据热力学第三定律，绝对零度是不可达到的，只能无限接近），而现在我们想要给这个物理系统提升温度，那毫无疑问，我们必须给这个系统注入能量。

那要如何给这个系统注入能量呢？热力学里，我们通常会把这个系统跟一个高温热源接触，则热量会从高温热源自动传导到系统里使得系统升温，从微观层面看这个过程，则是高温热源里的粒子通过碰撞把动能传递给低温系统里的微观粒子。所以如果要给我们的绝对零度刚性小球阵列进行升温，其微观过程，我们可以通过向阵列发射其他高速运动的同类刚性小球得到。这个过程就好比，你有一把手枪，刚性小球就是你的子弹，你用手枪对着小球阵列不断地发射一颗又一颗子弹，企图使得阵列系统升温。但这个过程注定无法达成让系统升温的目标，因为不论你发射的子弹是否与阵列里的小球进行碰撞，动能根本无法传递到阵列系统里。因为如果子弹不与小球发生正碰，它自然是穿过系统，对系统不造成任何影响，但即便它与阵列里的小球进行碰撞，由于是完全弹性的正碰，子弹与小球无非是交换了运动状态，子弹会停下来，停在小球的位置，小球则获得了子弹的速度继续运动。即不论如何，从效果上看，子弹都是在穿透阵列系统，它并无法让系统升温。

在我们的多原子模型中，温度无法通过相互作用的方式从微观上被传递到系统中，这显然是与事实相违背的。也就是说，即便是一个微观粒子之间没有相互作用的系统，它也不能被简单地理解为单个粒子系统的叠加。这本身便与还原论的思想有所背离，即整体的性质，无法通过研究个体的性质推演得出。这里面少了一些东西，是什么呢？那便是热力学第二定律（second law of thermodynamics）。

再回过头来看我们的无相互作用气体模型。当我们说这团气体达到稳态的时候，说的是它的温度分布均匀，气压各向同性、大小一致，也就是系统处在一种处处相同的状态。而这种处处相同，只是统计意义上的处处相同。温度是微观粒子动能的平均值，但如果我们随机地在一个已经达到稳态的系统中，抽取若干个粒子，它们的动能大概率并非精确地等于这个动能平均值，而是这个系统中所有粒子的动能分布遵循一定规律。这个规律叫作麦克斯韦分布（Maxwell distribution），数学上其实就是一个呈钟形曲线的正态分布（normal distribution）。这是为何？因为这样的分布方式，可以使得系统的熵值达到最大，满足熵增定律的要求。

秩序是混乱的对立面，熵增定律告诉我们，任何一个封闭的系统，随着时间的推演，它的熵会不断增大，直到一切秩序消失，来到熵值最大的状态，这也是热寂说的理论依据。热寂说认为，宇宙最终会达到热平衡，一切秩序都会被消灭，变成一片各向同性、处处相同的混沌。著名的物理学家开尔文勋爵，也通过热寂说论述宇宙必然无法存在无限久，否则我们的宇宙早已达到热寂，我们都不会存在。

但很显然，我们的宇宙中充满秩序，大到星系天体，小到各种物态。气体固然是更加接近热寂的物态，但除了气体以外，我们还有液体、固体，以及温度更高的物质第四态等离子体。此外，低温状态下物质形态也丰富多彩，例如第一篇提到过的玻色-爱因斯坦凝聚、超流体、超导体等。其中，固体里还分晶体和非晶体。按照物理性质分，力学属性、导热性、导电性、磁属性等性质，都对应了不同的物质形态，这些不同的物质形态，本质上都是在对抗无序状态的各种秩序。

为什么会有这些秩序诞生？它们似乎都是在对抗热力学第二定律所推动的无序。那这些物质当中为什么又能诞生各种各样的秩序呢？很显然，我们上述提到的那些拥有秩序的物质形态，这些物质的构成单元，不论是原子还是分子，它们之间都有相互作用，这些相互作用是产生秩序的原因。而这些相互作用的敌人就是无序、是混乱、是杂乱无章的热运动。例如磁现象，大多数人都知道磁铁具有永磁性，但是可能很多人不知道，这种永磁性随着温度的升高，会发生相变，当温度达到一个临界值以后，这种永磁性便会消失。这个临界温度叫作居里温度（Curie temperature），也叫居里点。这就是一个典型的由相互作用产生的秩序，对抗无序的例子。我们知道电子具有自旋（spin），所谓自旋，就是可以把电子看成一个具有南北极的小磁铁。磁铁之所以会具有永磁性，是因为构成磁铁的原子当中，它的最外层电子倾向于单独占据一个电子轨道，而不是以反平行的方式，两个电子占据一个轨道，这就是使得磁铁这样的物质，每个原子都好像一个小磁铁一样，因为原子中的电子所展现的小磁铁特性不会在原子内部两两抵消。也就是一块磁铁，就好像大量的小磁铁聚合在一起一样，这个时候加上外磁场，这些小磁铁就会倾向于同向排列，即便把外磁场撤掉，这种排列方式也不会改变，因此就形成了永磁体。这种物理特性叫作铁磁性（ferromagnetism）。但如果我们给永磁体升温，热量会使得系统趋向于无序，当温度达到居里点以上，无序的趋势太过强烈，盖过了因为相互作用想要产生秩序的趋势，磁铁的铁磁性就消失了。

相互作用能产生秩序，而凝聚态物理，本质上就是去寻找这些秩序，看看都有哪些秩序可以存在，它们存在的条件是什么，我们如何辨别不同的秩序，这些不同的秩序之间有什么不同性质，用什么物理量来区分不同的性质，甚至更远的，不同的秩序所对应的不同的物质形态，能不能有什么具体的应用。这些都是凝聚态物理的研究范畴。所以凝聚态物理，字面上看，它研究的是“凝聚”的物质形态，那物质又因何“凝聚”呢？是因为相互作用。所以凝聚态物理，其实是一个研究大规模相互作用的研究方向。整个凝聚态物理的试验场，是秩序对抗无序的战场。

第 8 章 时间存在吗?

本章我们讨论一个题外话，并不涉及凝聚态物理的具体知识，所以跳过也于理解凝聚态物理学并无大碍。

我们时常可以在各种科普资料当中见到一个说法，叫“时间并不存在”，或者说“时间是人类的幻觉”。这个提法听上去似乎十分深奥，让人不知道从哪个角度开始讨论，因为我们很难界定这是个什么问题，是物理学问题还是哲学问题？当然，所有的物理学问题，如果追根究底，也许都将不可避免地成为哲学问题。即便如此，哲学里面也要进行分辨，到底是本体论问题，还是认识论问题。

上一章提到，热力学第二定律是我们这个宇宙最为基础的物理定律之一。它告诉我们，任何封闭的物理系统（与外界没有能量与物质的交换），其熵永远不会自发减小。这条定律其实体现在我们日常生活中的方方面面，正如前文给出的例子：热量不会自发地从低温物体传导至高温物体，破碎的花瓶无法自发地变完好，破镜无法自发地重圆。这些案例中的关键词是“自发地（spontaneously）”。所谓自发，便是不需要施加外部的作用，是系统自身随着时间流逝的发展趋势。热量从低温物体传导至高温物体，花瓶和破镜被修复，这些过程都需要施加外部干预，即外部有能量输入或者外部力量对其做功。

热力学第二定律是当物理系统满足统计规律的时候才使用的一条原理。当我们去研究单个的、理想状态下的基本粒子，并不需要用到热力学第二定律。这其实恰恰是一个反还原论的案例。让我们再回顾一下还原论的核心认知，即整体的性质可以通过了解组成整体的个体性质，以及个体之间相互作用的性质而完全得出。然而热力学第二定律，作为一条针对个体并不适用甚至并不存在的原理，是无法通过个体的性质得出的。热力学第二定律也并不来自个体之间的相互作用，因为即便是毫无相互作用的物理系统，也满足热力学第二定律。

热力学第二定律，它体现为一种随机性。对于一罐恒温气体，如果我们去随机测量其中一个气体分子的动能，我们测得它动能数值的概率分布，满足麦克斯韦分布，即我们无法对所测气体分子的动能作精确预测，只能用概率的语言去对测得分子不同动能的概率进行描述。如果要问这种随机性的源头，我们还要去讨论，这种随机性到底是一种真随机性，还是如混沌系统那样的随机性。我们在第 3 章的时候说过混沌系统，它表现出一种奇怪的随机性，即混沌系统从微观机制上，完全是确定性的，但系统的相互作用十分复杂，使得系统整体的变化规律完全无法预测，从人类预测能力的角度说，这体现为一种随机性，即我们知道它的机制不是随机的，但效果却是随机的。而量子力学系统，由其第一性原理，即“不确定性原理”得出的随机性，则被认为是一种真随机。如果如还原论者认为的，整体的性质可以由个体的性质完全得出，则微观系统随机性的来源目前看主要是量子力学层面的，若果真如此，则我们是不是可以认为，热力学第二定律随机性的来源，其实就是量子力学的不确定性原理？但若非如此，热力学第二定律随机性的来源，又来自何方呢？混沌系统的随机性本质上是一种复杂性，它来源于相互作用的复杂性。而热力学第二定律的成立并不要求必须存在相互作用。并且热力学第二定律中所体现的随机性，是一种相对可预测的随机性，因为稳态热平衡系统总满足麦克斯韦分布，混沌系统的随机性可就不满足这个特点了。

回到“时间并不存在”和“时间是人类的幻觉”的论题。实际上，时间的概念是与热力学第二定律息息相关的。时间与空间的不同，体现在空间是没有方向性的，三个空间维度：上下、前后、左右。然而时间却是有方向性的：时间只能向一个方向流动，时间无法倒流。那问题来了，时间为什么不能倒流？时间箭头是怎么来的？其实时间箭头就埋藏在热力学第二定律里。我们感知的时间流逝方向，其实就是熵自发增大的方向。时间无法倒流，对应的是生活经验当中的破碎的花瓶无法自发地变完好，就是“覆水难收”。但其实这个时间箭头，在微观粒子的状态下，并不成立。对于一个微观粒子来说，时间箭头其实是无意义的。例如一个电子，从 A 点运动到 B 点，这个物理过程与一个正电子，在时间倒流的情况下，从 B 点运动到 A 点，完全是等价的。而且我们目前已经发现的，极其基础的物理定律，都与时间箭头无关，或者用术语描述，叫满足“时间反演对称性”。不论是牛顿定律、麦克斯韦方程、薛定谔方程，还是广义相对论方程，把它们公式里的时间 t 换成倒流的时间 $-t$，这些方程依然成立，描述的就是时间倒流情况下的物理过程。因此时间这个概念，在微观层面，与空间完全是等价的。无法倒流的时间，只体现在满足统计规律的系统当中，它恰恰体现为热力学第二定律。

因此，时间是否存在，这似乎是个信仰问题。对于还原论者来说，时间没有存在的必要，因为宏观规律无非是微观规律的叠加。时间只体现为人类作为观察者所感知的、人为创造出来的概念。但对于反还原论者来说，承认热力学第二定律的第一性，则代表承认时间的第一性。时间的存在，恰恰是反还原论支持者的直接立论。

第9章 多，即不同

我们在学习物理学的过程中，一定学到过很多知识点，像阿基米德原理、牛顿定律、动能定理、麦克斯韦方程、左手定则。为什么它们明明都是一些物理学的结论，却要用不同的名字呢？原理、定律、定理、方程、定则又有什么区别？其实这里面是有讲究的。基本上按照贴近事物规律本质的程度来说：原理比定律接近本质，定律比定理接近本质，定理比方程接近本质，方程又比定则接近本质。

原理，英文是 principle，比如牛顿那本 1000 多页的大书《自然哲学的数学原理》，用的就是 principle，说明牛顿野心很大，他是要去解释自然运行的本质。原理都是无法用逻辑证明的那些自然规律，即只能通过实验，发现事实就是如此，但不清楚为何如此。这跟数学里的公理（axiom）有点像。

并且原理往往不是用数学公式表达的，而是用自然语言就可以进行描述的。例如狭义相对论的基石，光速不变原理（principle of constancy of light velocity），它没有公式，它的自然语言陈述是：观察者在任何参考系测量到的光速都一样。再譬如能量最低原理（principle of minimum energy）：所有封闭物理系统，最稳定的状态对应于其所有可能的所处状态中，能量最低的状态。

定律，英文是 law，同样也是归纳法得出的规则，并非逻辑推导出来的，也是基于实验的观察。但定律跟原理比起来，一般都会有数学公式。例如牛顿第二定律（Newton’s second law），就是力等于质量乘加速度（$F=ma$）；库仑定律（Coulomb’s law），即两个电荷之间的库仑力正比于两个电荷电量乘积，反比于距离平方：

$$|F| = k_e \frac{|q_1||q_2|}{r^2}$$

定理跟定律比，区别要明显一些，英文是 theorem，这跟数学体系中的命名是共用的了。定理是用数理演绎法推导出来的，但用的数学演绎的步骤不会太多，比如动能定理，即低速物体运动的动能等于 1/2 乘质量乘速度的平方：

$$E_k = \frac{1}{2}mv^2$$

这就需要推导了，是从牛顿第二定律推出来的。根据能量守恒定律，物体动能的增量等于施加在它身上的力所做的功：$\mathrm{d}E=F\mathrm{d}s$，根据牛顿第二定律 $F=ma$，$a=\mathrm{d}v/\mathrm{d}t$，$v$ 是速度，t 是时间，且 $\mathrm{d}s=v\mathrm{d}t$，代入就会发现 $\mathrm{d}E=mv\mathrm{d}v$，两边一积分就得出 $E=\frac{1}{2}mv^2$。推理了好多步，所以这是个定理，并且推导过程用了不少定律。

再往后是方程，equation，或者公式，它就好像生产一个产品，原理是原料，定律是粗加工，定理是精加工，方程就是开始包装了。因此数学的推导特别多，譬如麦克斯韦方程，便是精美无比的四个方程，把经典电磁现象给包装统合了。麦克斯韦方程里预言了电磁波的存在，原理上其实没什么新东西。经典电磁学、电动力学当中原理性质的东西已经被麦克斯韦的前辈，像卡文迪许（Cavendish）、库仑（Coulomb）、安培（Ampere）、法拉第（Faraday）等科学家研究完了，而麦克斯韦方程是一个统合性的、对经典电磁学进行打包总结的工作。其他，再例如爱因斯坦的质能方程，是通过光速不变原理一步步推出来的。

再往下是定则，英文是 rule，也叫规则。类比来说，原理是原料，定律是粗加工，定理是精加工，方程是包装，定则则是更像使用说明书。定则的数学性更强吗？不是，它反而没什么数学性，并且也不贴本质，基本只是个方便人类判断的工具。比方说左手定则用来判断洛伦兹力的方向，右手定则用来判断磁场方向，等等。自然界肯定不是按照人的左手和右手来制定物理定律的，定则是方便人用的，就算不用左手定则和右手定则，用洛伦兹定律硬算也可以算出来，只不过效率低点。当然物理里还有“过程（process）”“效应（effect）”“机制（regime）”，例如冰的融化是一个相变的“过程”，量子力学里的量子隧穿（quantum tunneling）是一个“效应”，量子场论中的对称性自发破缺是一个机制，等等，它们都比较细致，不在此处做过多讨论。

在所有的这些物理学的知识当中，物理学原理无疑是最接近事物本质的，我们无法解释这些原理为何如此，它们单纯是我们通过实验总结出来的、自然界的底层规律。物理学原理也是我们进行演绎推理的起点，就好比数学中的公理一般。而当我们秉承还原论，认为复杂的系统由简单的系统组成，不断地去寻找万事万物的基本构成单元时，我们会习惯性地、不假思索地认为，只有那些微观世界的规律、原理是更为基本、更为底层、更为坚实的：宏观世界的物理规律，甚至是宏观世界的物理原理，即便它们是原理，也似乎只是暂时性的原理，还原论的信念会让我们认为，总有一天我们会用微观世界的原理，把宏观世界的规律统统解释清楚。

但事实果真如此吗？著名的物理学家，也是凝聚态物理领域的泰斗，菲利普·安德森（Philip Anderson），曾于 1972 年在著名的学术期刊《科学》（*Science*）上发表了一篇著名的评论文章《多，即不同》（More is different）。

文章中的观点表达了强烈的反还原论思想，即复杂的物理系统当中 $E=mc^2$ 总结出来的物理规律，未必能用微观的物理原理通过演绎的方式解释，宏观世界的物理规则也可以是基础的，与微观世界的物理原理同样，都是基础的、底层的、坚实的：多，即不同。此处的多，指的是系统的复杂性，这些复杂性不光是来源于物理系统当中存在数量庞大的研究对象，更加是体现在物理系统中相互作用的复杂，正是这种复杂性，会让复杂系统产生有别于微观系统的、新的、无法从微观系统中推导得出的规律。

在这篇文章中，安德森给出了一些评论。通常我们会认为，大的东西由小的东西组成，复杂的东西由简单的东西组成，那我们是不是会下意识地认为，研究更为宏观系统的学科，无非是对研究更为微观系统的学科的应用？固体物理是否只是“应用粒子物理”？生物学是否只是“应用

4 August 1972, Volume 177, Number 4047 **SCIENCE**

More Is Different

Broken symmetry and the nature of the hierarchical structure of science.

P. W. Anderson

The reductionist hypothesis may still be a topic for controversy among philosophers, but among the great majority of active scientists I think it is accepted without question. The workings of our minds and bodies, and of all the animate or inanimate matter of which we have any detailed knowledge, are assumed to be controlled by the same set of fundamental laws, which except under certain extreme conditions we feel we know pretty well.

It seems inevitable to go on uncritically to what appears at first sight to be an obvious corollary of reductionism: that if everything obeys the same fundamental laws, then the only scientists who are studying anything really fundamental are those who are working on those laws. In practice, that amounts to some astrophysicists, some elementary particle physicists, some logicians and other mathematicians, and few others. This point of view, which it is the main purpose of this article to oppose, is expressed in a rather well-known passage by Weisskopf (*1*):

> Looking at the development of science in the Twentieth Century one can distinguish two trends, which I will call "intensive" and "extensive" research, lacking a better terminology. In short: intensive research goes for the fundamental laws, extensive research goes for the explanation of phenomena in terms of known fundamental laws. As always, distinctions of this kind are not unambiguous, but they are clear in most cases. Solid state physics, plasma physics, and perhaps also biology are extensive. High energy physics and a good part of nuclear physics are intensive. There is always much less intensive research going on than extensive. Once new fundamental laws are discovered, a large and ever increasing activity begins in order to apply the discoveries to hitherto unexplained phenomena. Thus, there are two dimensions to basic research. The frontier of science extends all along a long line from the newest and most modern intensive research, over the extensive research recently spawned by the intensive research of yesterday, to the broad and well developed web of extensive research activities based on intensive research of past decades.

The effectiveness of this message may be indicated by the fact that I heard it quoted recently by a leader in the field of materials science, who urged the participants at a meeting dedicated to "fundamental problems in condensed matter physics" to accept that there were few or no such problems and that nothing was left but extensive science, which he seemed to equate with device engineering.

The main fallacy in this kind of thinking is that the reductionist hypothesis does not by any means imply a "constructionist" one: The ability to reduce everything to simple fundamental laws does not imply the ability to start from those laws and reconstruct the universe. In fact, the more the elementary particle physicists tell us about the nature of the fundamental laws, the less relevance they seem to have to the very real problems of the rest of science, much less to those of society.

The constructionist hypothesis breaks down when confronted with the twin difficulties of scale and complexity. The behavior of large and complex aggregates of elementary particles, it turns out, is not to be understood in terms of a simple extrapolation of the properties of a few particles. Instead, at each level of complexity entirely new properties appear, and the understanding of the new behaviors requires research which I think is as fundamental in its nature as any other. That is, it seems to me that one may array the sciences roughly linearly in a hierarchy, according to the idea: The elementary entities of science X obey the laws of science Y.

X	Y
solid state or many-body physics	elementary particle physics
chemistry	many-body physics
molecular biology	chemistry
cell biology	molecular biology
•	•
•	•
•	•
psychology	physiology
social sciences	psychology

But this hierarchy does not imply that science X is "just applied Y." At each stage entirely new laws, concepts, and generalizations are necessary, requiring inspiration and creativity to just as great a degree as in the previous one. Psychology is not applied biology, nor is biology applied chemistry.

In my own field of many-body physics, we are, perhaps, closer to our fundamental, intensive underpinnings than in any other science in which non-trivial complexities occur, and as a result we have begun to formulate a general theory of just how this shift from quantitative to qualitative differentiation takes place. This formulation, called the theory of "broken symmetry," may be of help in making more generally clear the breakdown of the constructionist converse of reductionism. I will give an elementary and incomplete explanation of these ideas, and then go on to some more general speculative comments about analogies at

---

The author is a member of the technical staff of the Bell Telephone Laboratories, Murray Hill, New Jersey 07974, and visiting professor of theoretical physics at Cavendish Laboratory, Cambridge, England. This article is an expanded version of a Regents' Lecture given in 1967 at the University of California, La Jolla.

安德森于 1972 年发表于《科学》杂志上的文章《多，即不同》，▲
这篇文章被认为是凝聚态物理研究的宣言

化学”？而心理学又是否只是“应用生物学”？安德森的答案是否定的。“多，即不同”的理念，用我们更熟悉的一句话概括，其实就是“量变，引起质变”。

此处的“量变引起质变”的核心恰恰在于相互作用。我们在第 7 章介绍的热力学第二定律，恰恰就是极好的案例。至少目前看来，热力学第二定律是一条极具根基性质的原理，而且它并不能通过微观的量子物理理论推导出来。热力学第二定律适用的系统是满足统计规律的系统，满足统计规律的意思，就是系统中存在数量众多的微观组分。例如，一团处在热稳态的气体，其中的气体分子固然是数量众多的，从微观上，每个气体分子都可以用量子力学对其描述，但是量子力学规律，即便在数量很多的情况下，量子力学的规律并不能推导出热力学第二定律。而热力学第二定律又如此坚实，放之四海而皆准，目前从未出现过违反热力学第二定律的物理现象。把一团冷空气和热空气靠近，但并不让两团空气相接触，中间只以不透气的薄膜隔开，最终二者会达到统一的温度。热量是如何从热空气传递给冷空气的呢？是因为相互作用。

本篇中，我们介绍过的种种凝聚态物理系统中的秩序，或者说相，大多是源自相互作用。即便不是组分之间的相互作用，也是源自组分与环境之间的相互作用。这些不同秩序中，有些秩序可以用还原论解释，例如半导体（能带理论）、玻色－爱因斯坦凝聚，有些则完全无法用还原论解释，例如分数量子霍尔效应、拓扑序，还有一些可以部分用还原论解释，例如超导体。而那些拥有极强鲁棒性的系统，往往是无法用还原论解释的那些系统。这种无法用还原论解释的物质系统中的秩序，是更令我们着迷的，它对应了一种秩序诞生的过程：涌现（emergence）。

有什么秩序是通过涌现现象才诞生的？答案就在我们身边，你和我，我们都是涌现出来的。生命的诞生，可以说是涌现现象的极致。

什么是涌现？如果一个系统拥有某种性质，而这种性质并不存在于它的组分身上，这种性质便是一种涌现出来的性质。我们人类，作为生命体，组成我们生命体的组分是我们身上的各种细胞，而如果把细胞作为一个整体，组成细胞的无非是各种化学分子，化学分子拥有化学性质，但化学性质并无法解释生命现象。生命究竟是如何诞生的？热力学第二定律摆在那里，封闭系统的熵只会不断增大，秩序会逐渐丧失，而生命作为一种高度秩序性的存在，又为何诞生呢？为了解释这个问题，前辈科学家前赴后继，甚至不少人最终转向了神创论，即生命这种高度秩序性的存在，只能来自超自然力量的创造。但非平衡热力学系统的涌现现象，似乎可以把我们从神创论的桎梏中解脱出来。

熵增定律有一个前提，就是对于一个封闭系统来说，熵永远不会自发减小。此处的关键点在于“封闭系统”。什么是封闭系统？封闭系统就是与外界没有能量交换的系统。熵增定律在封闭系统中才成立。就目前人类对于宇宙的认知来说，宇宙是在不断膨胀的，为了加速膨胀还需要存在暗能量，也就是宇宙还在不断被输入能量。这样看来，宇宙未必是个封闭系统。那地球就更加不是一个封闭系统了，因为有太阳能源源不断地输入。为什么非封闭系统有可能逃脱热寂呢？这里就出现了非平衡态热力学中的一个分支——耗散结构（dissipative structure），它是比利时的理论物理化学家普里戈金 (Ilya Prigogine) 提出的概念。

总的来说，就是在未达稳态的情况下，向一个开放系统输入能量，它的熵有可能自发减小并呈现出新的秩序。可以做这样一个实验：拿一个平底锅，锅里放薄薄的一层水，然后开始烧水，火要猛，上面再开个抽油烟机吸热。就有机会发现沸腾时的水面，可能会出现一种新的规则形状。一般情况下，沸腾的水面虽然会有很多泡泡，但是这些泡泡是毫无规律的。

但在水很薄，水的上下温差很大的情况下，水沸腾时的气泡可能会形成六边形的蜂窝状结构。也就是当给水面输入足够能量，并且水处在沸腾的非稳定态，水面形成了新的秩序，这种秩序自然拥有相比于混乱的水面

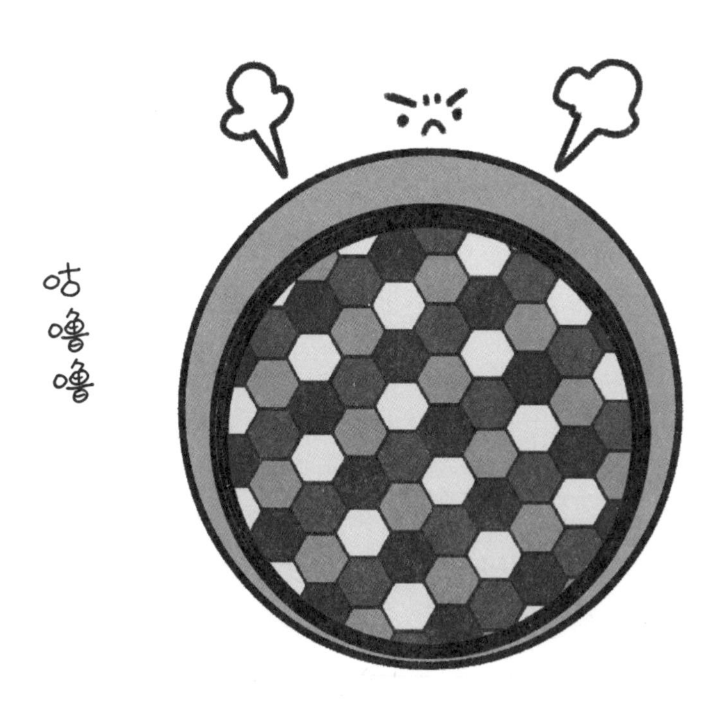

耗散结构现象示意图 ▲

更低的熵。这就是耗散结构的一个体现。这个实验被总结下来，必须是水的上下温差达到一定的差值才会出现新的秩序，也就是输入能量的效率要足够高，并且系统要处在非平衡态。

为什么会出现这种逆熵的情况？为什么按理来说应当混乱的系统会出现这样的新秩序呢？多，即不同！这就是涌现。关键在于混沌系统、复杂系统的非线性行为。混沌系统的性质多变、难以预测，因此也给新的秩序提供了可能性。也许正是因为这种复杂性，地球才能诞生生命。要知道生命系统是异常复杂的系统，生命延续的本质，都是要摄取能量、消耗能量以抵抗系统本身的熵增。恰恰是因为世界上存在涌现，存在足够高的复杂度，才能呈现出如此多变、如此多样的秩序性。

让我们再大胆一些：既然通过涌现的物理现象，能够诞生如此多还原论所不能解释的秩序，并且如第8章所说，连时间都有可能是涌现出来的，那是否有可能，其实我们的基本粒子，它们也都是涌现出来的呢？是不是“万物皆涌现”？我们并不能排除这种可能性。但如果我们能做到一件事，在复杂系统中找到一些，连微观层面、基本粒子层面都不曾找到过的、拥有高度鲁棒性的秩序，我们也许就可以说，相比于传统的、还原论为主导的粒子物理，反还原论的、涌现的凝聚态物理，将是一个更具有解释力的理论体系。

下一篇，我们来集中介绍一些出现在凝聚态系统中的，但在基本粒子层面都不曾找到过的新秩序，它们都来自凝聚态物理系统的涌现。

涌现
（Emergence）

第 10 章 天使粒子

人类迄今发现的基本粒子总共 61 种，它们都已经被标准模型所描述。2012 年时，瑞士的大型强子对撞机刚刚建成，开机就去寻找标准模型里的最后一块拼图：希格斯粒子。希格斯粒子被顺利找到（实际过程也并非那么顺利），从此补完标准模型。

所谓基本粒子，是在我们当前的实验条件下，无法再被继续分割的粒子。虽然基本粒子多达 61 种，但从这个数量看来似乎也没有那么基本。不过目前，我们能找到的确实也就这么多，已经很久没有新粒子被发现了。也许这就是为何杨振宁先生会评价说粒子物理领域是“盛宴已过”。基本粒子是如此坚实，它在目前的能量等级下无法被分割得更小，这其实体现为我们前文多次提到的鲁棒性。只不过鲁棒性的强弱其实是相对的，例如惰性气体原子，在一般环境下基本无法发生化学反应，在化学反应的语境中，它表现出非常强的鲁棒性，但如果我们真的用高能中子束去轰击一些惰性气体原子，由于中子不带电，可以轻易穿透电磁屏障，从而改变其原子核结构，那么在核反应的语境中，惰性气体原子的鲁棒性又荡然无存，简直不堪一击。既然鲁棒性的强弱是相对的，我们是否可以认为，基本粒子表现出来的鲁棒性，从本质上与凝聚态物理系统涌现出来的秩序所具有的鲁棒性，也许并无区别？无非是能量等级的高低不同？若果真如此，我们是否也可以用涌现的观念去看待基本粒子的存在：基本粒子或许也是从一些更基本的多体系统中涌现出来的一些秩序。例如麻省理工的文小刚教授，就曾提出著名的弦网凝聚（string-net condensate）理论，在这套理论中，弦网被假设为电磁波借以传播的介质①，电磁波只有横波没有纵波的特性可以从弦网凝聚中顺滑地被推理出来，并且在弦网凝聚理论中，费米子不过是弦网中被激发起来的“弦”的两个端点，这也符合一般对于费米子的理解：费米子总是被成对激发，这个宇宙里的费米子总数应当是个偶数。

还有很多理论预言的粒子，至今从未被找到，例如著名的磁单极子（magnetic monopole）。所谓磁单极子，也被称为“磁荷”，就是只有南极或北极的磁场源。现实中存在的磁铁，南极和北极总是同时存在，把一根磁铁一切两半，这两半都同时具有南北极。这是因为，就目前发现的自然界中的磁性，要么是来自电流，要么是来自粒子的自旋，而这些来源产生的磁场都同时具有南北极，磁单极子是被弦论预言应当存在的。曾经有消息称有科考队在南极探测到了磁单极子的信号，这一度被认为是支持弦论的证据，但后来发现只是仪器故障搅扰了实验信号，是一场乌龙

---

① 电磁波借以传播的介质原本被认为是一种填满全空间且无处不在的物质，早年被称为以太（ether），后来被迈克尔孙－莫雷干涉实验证伪，目前主流学术观点认为以太并不存在，电磁波可以在真空中传播。

事件。

除了著名的磁单极子，超对称粒子也是一个很火热的概念，但从未被找到过。所谓超对称粒子，就是假设所有的基本粒子，都有它们的超对称伙伴，这些基本粒子与它们的超对称伙伴之间，所有量子物理的属性都相同，唯一不同的是它们的统计规律，例如电子的超对称伙伴，拥有和电子一样的电荷，一样的质量，唯独不同的是，电子是费米子，而超对称电子则是玻色子。反之，一个玻色子，也应当有它的费米性粒子。超对称理论之所以会被发明，是因为要解决粒子物理当中的一些大问题，例如级列问题（hierarchy problem），为什么四大相互作用之间的强度会差那么多？引力的强度比弱力的强度要弱 24 个数量级。

在众多理论假设的粒子当中，马约拉纳费米子可能是最为出名的之一。马约拉纳是一位充满传奇色彩的天才物理学家，出生于意大利西西里岛的卡塔尼亚，值得一提的是除了马约拉纳以外，著名的歌剧大师贝利尼也是出生于此地。伟大的物理学家费米曾经对马约拉纳做出过极高的评价：全世界

意大利物理学家埃托雷 · 马约拉纳 ▲

的科学家大约分为几个梯队，第二或第三梯队中的科学家，他们非常努力地投入科研但不会有太巨大的成就；第一梯队的科学家会做出非常重要的发现，这些发现对科学的进步是奠基性的；而在这些梯队以外，还存在一类人，可以被称为天才，例如伽利略和牛顿，马约拉纳当然也是。

马约拉纳是一个“消失”了的物理学家。1938 年 3 月 25 日，马约拉纳买了一张船票，打算从西西里首府巴勒莫去往那不勒斯。在出发前，马约拉纳还把他在银行里的所有存款都取了出来，但从此他便失去了踪迹，没有人知道马约拉纳身上发生了什么事，他就好像人间蒸发了一样，并且他消失前还给朋友写了封信，预告了自己的失踪，但是信中并没有说明自己要去做什么，只是预告了自己会“消失”。围绕马约拉纳的去向，也有很多人展开了各种调查，这个调查甚至一直持续到 2016 年前后，还有专门的调查书籍出版。关于马约拉纳的失踪，有多种学说，最主流的是自杀说，还有移民说，说马约拉纳其实是移民到了阿根廷或委内瑞拉，因为 1955 年的时候，有人在阿根廷拍到了疑似马约拉纳的照片。甚至有人认为马约拉纳是选择去修道院出家了，抑或是他选择变成一个流浪汉，等等。由此可见马约拉纳在历史上的传奇性。

马约拉纳的主要科研工作集中在粒子物理领域，主要是对中微子质量的研究。中微子是基本粒子当中的一种，它非常小，静止质量接近于零，却又不像光子那样严格等于零，中微子的质量具体是多少，至今尚未被实验完全测量准确。关于中微子的谜团还有很多，例如中微子振荡，以及从未在实验中被探测到过的“左手中微子”。即便到了今天，粒子物理当中对于中微子的研究依然非常火热。但马约拉纳最为人称道的物理学贡献，也许是他提出的、假想中的“马约拉纳费米子（Majorana fermion）”，可以被简单地理解为是“半个”费米子。马约拉纳费米子的特性是，它自己是自己的反粒子。自己是自己的反粒子这种特性，倒也不是马约拉纳费米子独有的，光子其实就是自己的反粒子，只不过区别是，光子是玻色子。与之相对的我们熟悉的如电子这类的费米子，被称为狄拉克费米子（Dirac fermion）。

为了理解什么是马约拉纳费米子，我们要先理解什么是反粒子。反粒子的概念是狄拉克首先提出的。当我们开始广泛地研究所有基本粒子，而不仅仅局限在原子核中时，微观粒子的情况就会复杂得多。比如宇宙中有大量的宇宙射线，这些射线中有各种各样的微观粒子。这些粒子的运动速度极快，甚至接近光速。在这个速度下，必须要考虑狭义相对论。而根据狭义相对论，高速运动粒子的性质会大为不同，例如高速运动状态下粒子的寿命会变长，因为狭义相对论有时间延缓。因此要从理论上全面探讨粒子行为，就必须把狭义相对论的效果加入粒子物理的研究中。这就是狄拉克率先做的工作。

我们知道微观粒子都满足量子力学规律，它们的波函数可以用薛定谔方程描述。凡是涉及相对论的理论，光速一定是其表达式中的一个必备常量。但是薛定谔方程里没有光速，它不考虑相对论效应。因此，薛定谔方程不足以描述快速运动粒子的量子力学状态。

狄拉克率先把狭义相对论引入量子力学，但严格来说狄拉克不是第一位做这件事情的科学家，最早做这项工作的是德国哥廷根大学的戈登（Walter Gordon）和克莱因（Oskar Kleine），但是这二人的工作不太成功，因为他们给出的相对论下的薛定谔方程是非线性的。也就是说，存在一些平方项导致这个方程过于复杂，难以求解。狄拉克则利用费米子的特性，成功地把原本非线性的方程变成了线性方程，使其求解变得非常容易，这就是著名的狄拉克方程（Dirac equation）。

$$(i\hbar\gamma^{\mu}\partial_{\mu}-mc)\psi(x)=0$$

式中，ψ 为费米子波函数，m 为质量。

狄拉克方程如何求解不是此处要关心的问题，我们要关心的是它的结论。狄拉克方程解出的每种粒子除了都有一个对应的能量以外，还有一个与之对应的能量为负的粒子，并且这种粒子的负能量绝对值的大小，与正常粒子的能量大小相同。这种情况下，一般人都会觉得这个负能量不符合物理学，应该被扔掉。但狄拉克并没有就此作罢，而是认真地思考了负能量的物理意义，于是他得出了反粒子 (antiparticle) 的基本假设。拿电子来举例，电子带负电，电子有一个带正电的反粒子，叫作正电子。当电子和正电子碰撞时，它们会发生湮灭。湮灭 (annihilation) 是专有名词，指正反粒子结合在一起就消失了，但是由于能量守恒，会转化成能量以电磁波的形式释放。更广义地说，反粒子是和原来的正粒子量子性质截然相反，但质量相同的粒子。

可是负能量不符合物理学逻辑，应当如何理解负能量呢？狄拉克的解释很有开创性。当我们说一个值是负或者正的时候，其实有一个隐含假设：我们心中存在一个零点，比这个零点高的叫“正”，比它低的叫“负”。比如说今天是 -3℃的时候首先要有一个 0℃的概念。说一个粒子解出来的能量是负的，其实应该认为存在一个能量为零的状态。负能量只不过比能量为零的状态的能量更低。

在量子力学中，负能量其实可以被定义为比真空能量更低的能量。而因为真空中有量子涨落，并非空无一物，所以可以想象，如果我们能创造一处空间，它的能量比真空量子涨落时的能量还要低，这处空间的能量就是负能量。这其实就是著名的卡西米尔效应（Casimir effect）。卡西米尔效应的实验装置很简单，把两块金属板靠得非常近，两块金属板之间就会有相互吸引的作用，并且这并非分子间作用力，这种吸引效果就是卡西米尔效应，在这种情况下两块金属板中间的能量就要比真空的能量低，从比真空能量低的意义上来说，这是一种“负能量”。

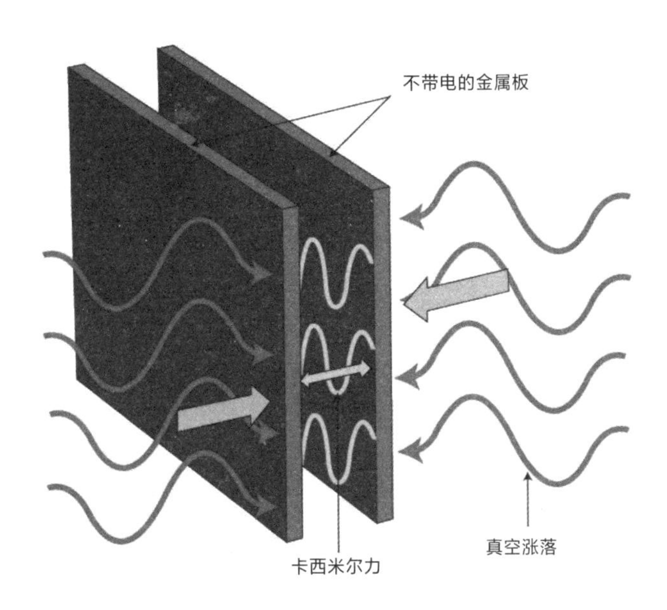

卡西米尔效应示意图▲

卡西米尔效应存在的原因是量子力学。根据量子力学的不确定性原理，真空并非是长期空无一物，而是不断地发生量子涨落，不断有正反粒子对产生再合并到一块。这就好像大海的表面，如果你站在高空俯瞰海面，也许会觉得海面很平静，但是如果靠近了看，会发现海面不断会有水滴跳起来又落回海面消失不见。真空跟这个情况类似，不断地有正反粒子，也叫虚粒子（virtual particle）出现，叫虚粒子是因为它们是无法长存的“真实”粒子，实验中也无法探测捕获，它们更像是量子过程的中间过程，转瞬即逝。这些虚粒子的产生与消失也伴随着量子场的变化，譬如电磁场。

在两块金属板中间，这些由量子涨落产生的电磁场会受到一定的限制。金属中电场无法存在，所以存在于金属板中间的电磁场、电磁波的波长是有限制的，只有满足金属板的间隙是电磁波波长的整数倍这一条件的电磁波才能在两块金属板中存在，否则无法满足电磁波的振幅在金属板处为零这个条件。也就是在金属板当中，只有特定频率的电磁波是可以存在的。但是金属板的外部却不一样，金属板外部是无限广阔的空间，任何波长的电磁波都可以存在。所以这样一比，我们就会发现两块金属板当中的能量要比金属板外的真空的能量要低，这就是真空零点能的体现。也是因为如此，金属板中的能量被认为是负能量。卡西米尔效应的存在，证实了真空零点能的存在。

我们可以认为真空是正反粒子湮灭以后的状态，也就是正粒子加反粒子等于真空。基于简单的加减，我们可以认为反粒子就是真空里减去一个正粒子。比方说，我从真空里挖出来一个正粒子，剩下的坑就是反粒子。

就像我晃动一瓶水，如果这瓶水是满的，这时瓶子中是没有气泡的。但是，如果我从瓶子里挖走一滴水，那我就会在这个瓶子里留下一个气泡。当晃动水瓶时，气泡也会动，它的运动形态就好像一个粒子。反粒子就像这瓶水里的气泡一样，被挖走的水是普通粒子，留下来的气泡就是反粒子。如果把挖走的水再放回去，它会和气泡结合。这瓶水就会变得非常平静，像处在真空状态一样。

这个过程可能比较难想象，既然真空是空无一物的，又怎么能从里面挖出东西来呢？真空对于人的存在，就像纯净的水对于一条一辈子活在水里的鱼一样。鱼认为充满水的状态才是空无一物的状态，这时挖走一部分水，在鱼看来就是水里产生一个气泡。鱼看气泡还会往上漂，就像一个物体一样。反粒子就像真空这片水中被挖走水滴留下的气泡，这便是狄拉克对于反粒子的解释。有一个概念叫狄拉克海（Dirac sea），说的就是可以认为真空就好比是一片海洋，正粒子是海水，反粒子是海底，正粒子的海水把反粒子的海底铺满了，所以真空才显得空无一物，但空无一物其实就是被海水充满的狄拉克海。不只电子，每个基本粒子都有自己的反粒子。因为只要考虑相对论，解出负能量是必然的。反粒子之间的量子特性是相反的，比如粒子带正电，其反粒子就会带负电。同种的正反粒子相碰会发生湮灭，转化成能量。狄拉克率先提出了反粒子的概念，并且不久就被实验验证了。人们在实验室里先找到了正电子，随后又找到了反质子，即带一个负电、质子的反粒子。

关于反粒子的物理意义，还有一层更加大胆的理解：反粒子无非是时间逆向流动的正粒子而已。前文曾经提到，对于微观尺度下的粒子来说，时间的流向无所谓正向或逆向。空间是可上可下、可前可后、可左可右的。时空一体，和空间一样，时间对于微观粒子来说就是个坐标而已。一个电子在时间正向流动的方式下从 A 运动到 B，和一个正电子在时间倒流的情况下从 B 运动到 A，这两个过程在物理层面上完全等价。在薛定谔方程中，能量和时间以乘积的形式同时出现，也就是 $E\times t=(-E)\times(-t)$，因为负负得正。一个普通粒子在时间中的运动，就相当于一个能量为负的反粒子在时间逆向流动的过程中的运动。所以说，反粒子无非是一个时间倒流的正粒子而已。

了解了什么是反粒子，尤其是通过狄拉克海的观点去理解反粒子，我们再回过头来看马约拉纳费米子就容易理解了。电子和它的反粒子，即正电子，我们如何区分呢？在它们碰撞在一起发生湮灭以前，我们用来区分的办法基本就是，电子带负电，正电子带正电。那问题来了，如果这个电子把电荷去掉呢？还怎么区分？如果一个费米子，没有电荷，它的反粒子就拥有跟它完全一样的性质了，这种情况下，我们是不是就可以说，这个不带电的电子就是它自身的反粒子了？这其实就是马约拉纳费米子。那有人可能就要问了，既然不带电的费米子就有可能是马约拉纳费米子，中微子不带电，它岂非就是马约拉纳费米子？未必。因为电荷只是粒子的一个量子属性，中微子虽然不带电，只能说明它不提供库仑力，但中微子还有其他量子属性，因为中微子参与弱相互作用，所以虽然中微子没有电荷，但是它有味荷（flavor charge），反中微子的味荷是与中微子相反的。

那如果一个费米子，既没有电荷，又没有味荷，当然也没有色荷（不参与强相互作用），单单只有一些质量，只参与引力相互作用，是不是就是马约拉纳费米子了呢？有可能，这也是为何马约拉纳费米子，被认为是假想中的暗物质①的候选粒子。暗物质至今没有被实验证实，马约拉纳费米子也未被证实存在。

为什么说马约拉纳费米子可以被认为是半个狄拉克费米子？这就必须要介绍一些量子力学的表达方式了。量子力学描述对象的语言，是一种概率的语言，用概率波函数描述对象处在不同状态的概率。而从数学的表达上，一个量子系统的波函数可以是一个复数（complex number），即同时拥有实数的部分也拥有虚数部分。高中的时候我们学过一个概念叫虚数，i。它被定义为$\sqrt{-1}$，即 $i^2=-1$。复数就是一个实数加一个虚数，意为“复杂的数”。实数代表可测量值，比如测量一个东西的大小、高低、快慢、质量、电量等，这些物理量都是实数，而虚数是一种人造的数，它没有实际意义，自然中没有任何东西可以用虚数表示，我们做实验得到的结果必须是个实数。我们的实验测量在数学公式上的表达，对应的是对波函数这个复数做各种数学操作，并且要保证操作完之后得出的结果是个实数，否则这个结果没有物理意义。我们说波函数表征了粒子出现概率的大小，这个说法其实没有完全说完。应该是波函数的模（modulus）的大小，正比于粒子出现概率的大小。比方波函数是 $a+bi$，其中 a 和 b 是实数，i 是虚数。这个波函数本身不能代表概率，而它的模$\sqrt{a^2+b^2}$是实数，这才是一个有意义的数。

在这种表达方式下，一个反粒子的波函数，在数学上表达为其对应正

① 暗物质便是一种被认为只提供引力，不参与强相互作用、弱相互作用以及电磁相互作用的物质。

粒子的复共轭（complex conjugate），例如一个粒子的波函数可以表达为 $a+bi$，其中 a 和 b 是实数，i 是虚数，其反粒子的波函数则为 $a-bi$。而马约拉纳费米子要求其反粒子就是其自身，这在数学上，就要求其波函数满足：$a+bi=a-bi$，如此一来，b 只能等于零。所以马约拉纳费米子的波函数式可以用实数表达，不具有虚数部分。由此我们可以把一个狄拉克费米子认为是两个马约拉纳费米子的叠加，因为狄拉克费米子的波函数可以写成 $f=y_1+y_2i$，其中 y_1 和 y_2 都是马约拉纳费米子。由此我们就可以简单地描述为：马约拉纳费米子就是半个狄拉克费米子。

仔细思考一下，就会发现“自己是自己的反粒子”这个性质在逻辑上是不太容易理解的。因为正常情况下，两个完全相同的粒子，不以高能量撞击它们，只是放在一起，它们并不会发生什么反应，是单纯的“1+1=2”，但如果是两个马约拉纳费米子，放在一起，由于自己是自己的反粒子，它们就会发生湮灭，那可以理解为“1+1=0”，这就是个非常奇怪的特性，究竟是什么样的环境、机制可以支持“1+1=0”这种现象呢？这实在很令人费解。在粒子物理的研究中，有一种实验曾被提出用以寻找马约拉纳费米子，叫无中微子双 β 衰变（neutrinoless double-β decay），因为中微子实际上是马约拉纳费米子的一个候选，而 β 衰变的过程，是中子在内部弱力作用下，衰变成一个质子和一个电子，并释放出一个反中微子。双 β 衰变，就是两个 β 衰变下，所释放出的两个中微子，如果它们真的是马约拉纳费米子，碰在一起发生了湮灭，则整个双 β 衰变实验，总体上就是一种没有释放出中微子的 β 衰变。如果真能实现这样的无中微子衰变，我们就可以认为，中微子大约就是马约拉纳费米子了。但这个实验目前看并未成功过。

尽管在粒子物理中，马约拉纳费米子从未被找到，但在凝聚态物理中，我们却可以构建出，能够支持马约拉纳费米子特性产生的系统。这也是首晟非常重要的研究成果，被称为“天使粒子”。因为基本粒子都有自己的反粒子，正反粒子对在一起好像一体两面。借用著名作家丹·布朗的悬疑小说《天使与魔鬼》，当中剧情描述的是反派企图通过释放反粒子引发大爆炸造成大规模的杀伤，正反粒子就好比天使与魔鬼一般。而马约拉纳费米子，自己就是自己的反粒子，类比下来似乎是没有魔鬼，只有天使，所以首晟也将其命名为“天使粒子”。

既然在传统的粒子物理领域，马约拉纳费米子如此难以寻找，不如我们转换思路，换一个看问题的方法。如果我们无法找到原生的马约拉纳费米子，我们可以试试看能不能构造出一个物理系统，使得这个物理系统当中的一些物理行为，表现出预言中的、马约拉纳费米子的量子物理行为。这其实就是首晟提出的“天使粒子”的理论思想，相比于把基本粒子看成一种“实在”，可以试试把粒子的存在看成一种“状态”，这种状态是一个更大、更复杂系统当中涌现出的“秩序”。同样地，我们并不能保证，基本粒子作为一种实在并非一种更为基础的系统当中的“涌现”。它们无非是在不同程度上表现出了鲁棒性，而鲁棒性的强弱也是相对的。而且作为物理学的研究，相比于寻找“实在”，通过研究物理系统的状态，也能给我们很多关于各种涌现出来的秩序的性质，对于这些性质的了解，反过来可以给我们很多关于基本粒子层面的、“实在”的启发，甚至对我们最终要寻找基本粒子的“实在”给出具有指导意义的研究方向。

而前文所述的、关于马约拉纳费米子的性质，在凝聚态物理系统中，对应了一种对称性，叫作粒子-空穴对称性（particle-hole symmetry）。还是用前文的类比，我们去看一瓶水：我们都有这样的生活经验，一瓶水通常无法被灌得很满，里面经常会有一些气泡。如果我们把被水填满的区域，类比成真空，而气泡的部分，其实就可以被类比为被挖掉了一个正粒子之后所留下的空穴，这个空穴就可以类比为反粒子。而在这瓶水当中，你晃动水瓶，这个气泡也会在瓶中运动，如果我们不把气泡当成“没有水”的位置，而是把它当成一个“实在”，用这个观点来看待气泡，我们会发现它也满足一定的运动规律，我们甚至可以通过这个空穴所满足的运动规律，来算出一个等效的质量。从“水瓶中的气泡”的例子中我们可以看出，如果我们只关心气泡的状态，忽略它具体是一个实在的气泡，抑或只是“没有水”的部分，则它的性质完全可以让它表现得像一个实际的“存在”。这其实很有哲学意味，即所谓的“存在”，也可以来源于“不存在”。那什么是粒子-空穴对称性呢？其实很简单，说的就是你从凝聚态系统的背景环境中，挖走一个粒子，会留下一个空穴，并且这个被挖走的粒子与这个空穴，方方面面的物理性质都完全相同。天使粒

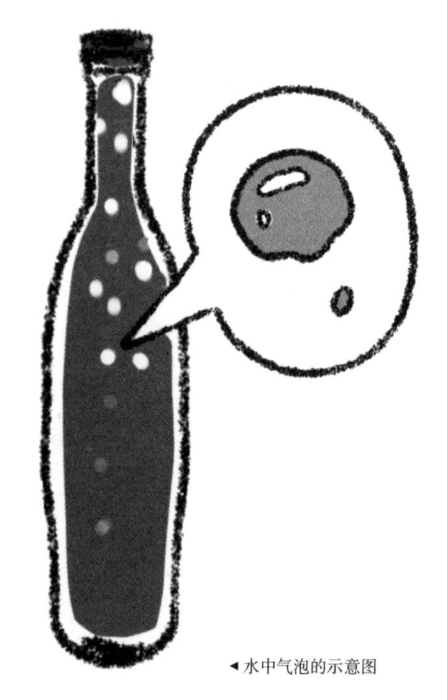

◂ 水中气泡的示意图

子的设想，用粒子－空穴对称性就很好解释。简单理解便是 1-1/2=1/2。

让我们用一个简单的模型来阐述。假设有这样一个系统，它是一个二维的方形晶格系统。

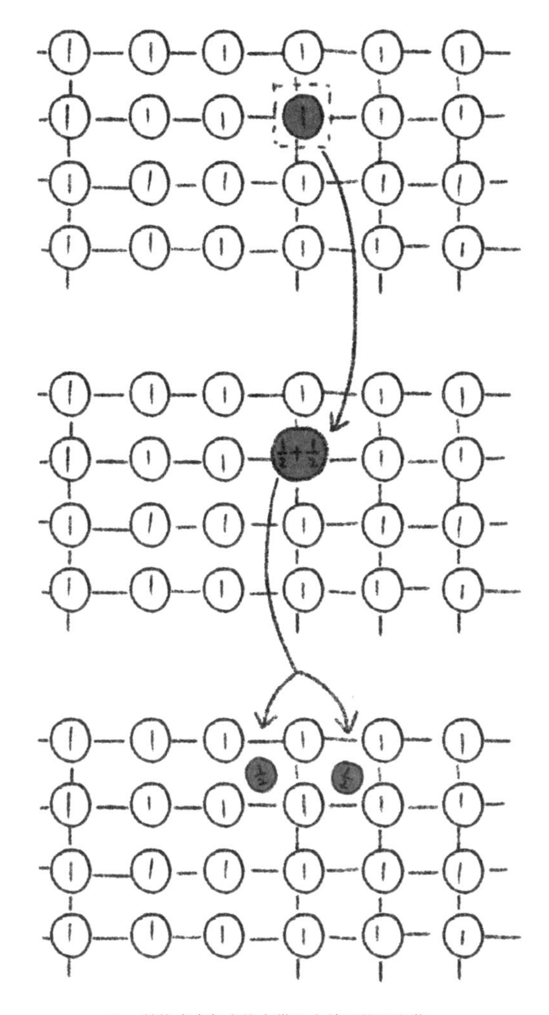

上：晶格当中每个格点带 1 个单元的正电荷。
中：一个正电荷可以拆成两个电量为 1/2 单元的正电荷。
下：两个电量为 1/2 单元的正电荷在 1 个单元正电荷的环境中运动，其效果就像两个 1/2 单元的负电荷在真空中运动一般，因为此处我们已经把 1 单元的正电荷定义为真空

在每个格点上，都有一个单位为 1 的正电荷。这个系统就是我们设置的背景，就好比真空。由于马约拉纳费米子可以被看成是半个狄拉克费米子，我们便把某个晶格上的 1 个单位正电荷，拆成两个 1/2 单位的正电荷，分别叫作 A 和 B。再把 A 粒子挖出来，使得它可以在整个系统当中自由运动。那么对于整个背景环境来说，A 粒子是一个电荷量比环境整体电荷量要低 1/2 的粒子，所以如果我们定义环境为电中性，则 A 粒子在整个系统中就如同一个电荷量是 1/2 的负电荷。剩下的 B 粒子，从整个系统的角度来看，它就是一个被挖走了 1/2 电荷的空穴。由于 B 粒子也带 1/2 的负电荷，所以它也是一个电荷量为 1/2 的负电荷。A 和 B 的物理性质完全相同，但是当 A 和 B 再度合并的时候，它们又成了一个带电量是 1 的正电荷晶格格点，这就是我们定义的背景环境，就是我们定义的系统真空。在这个行为意义下，A 和 B 完全满足粒子 - 空穴对称性，而且当它们合并的时候，它们发生了湮灭，所以 A 和 B 又互为反粒子，因此 A 和 B 的性质就好像马约拉纳费米子一般：自己是自己的反粒子。这其实就是“天使粒子”的基本思想，通过构造一个凝聚态物理系统，使得里面涌现出的量子力学秩序，拥有如此的粒子 - 空穴对称性，就有可能使得马约拉纳费米子从量子状态的意义上被找到。这也是张首晟团队于 2010 年左右发表的论文当中所描述的，该论文也预言了在什么样的凝聚态系统中，可以找到这样的如马约拉纳费米子一般的行为。简单来说，就是利用量子霍尔效应和超导体，在它们的交界面上构造出一个行为如同马约拉纳费米子的状态。

前文提到的量子霍尔效应，具有独特的边界态，这些边界态具有很强的鲁棒性，电子只向特定的方向运动，这叫作手征边界态（chiral edge state）。如果能够制造出一个马约拉纳费米子版本手征边界态，它就会和量子霍尔效应一样具有非常强的鲁棒性。这样的系统如何制造呢？核心思想就是前文提到的 1-1/2=1/2。从一个量子霍尔效应系统出发，量子霍尔效应的边界态相当于两个手征马约拉纳费米子边界态的叠加，然后通过引入一个超导体，把其中的一个边界态吸收掉，剩下的这个就是马约拉纳费米子边界态了。当然，天使粒子目前还处在理论预言的状态，这是实验学家们仍在努力的方向。但如果天使粒子真的在凝聚态系统中被找到，它将是用来制造量子计算机的极好备选材料。

量子计算的理论在 20 世纪 80 年代就已经提出了，它拥有比传统计算机强大得多的计算原理。电子计算机用 0 和 1 的二进制信号来代表信息。一个电子只能代表 0 或者 1，非此即彼，非常明确，电子信号的 0 或 1 被称为比特（bit）。但是量子系统不同，一个量子状态的电子可以处在叠加态。我们可以用自旋向上代表信号 1，用自旋向下代表信号 0，一个电子的状态可以是 1 和 0 的叠加态，这种处在叠加态的量子信息被称为量子比特（qubit）。假设有两个相互纠缠在一块的电子，它们可以同时表达四个状态，分别是 00、01、10 和 11。如果是 3 个电子纠缠在一起，就能表达 8 个状态，也就是 000、001、010、100、011、101、110 和 111。以此类推，N 个纠缠在一起的电子，就可以表示 2^N 个状态。这 2^N 个状态就对应了 2^N 个不同信息的信号。谷歌的量子计算机悬铃木，目前做到了 54 个纠缠在一起的量子比特。在特定的问题处理上，悬铃木可以只用 200 秒，就解出传统计算机需要 1 万年才能解决的问题。根据计算原理的不同，量子计算机在很多特定问题上的计算能力，对电子计算机的碾压是指数级的。打个比方：量子计算机之于电子计算机，就好像电子计算机之于算盘。

最简单的案例莫过于因式分解。我们中学都学过因式分解，就是把一个合数写成素数的乘积，例如 210=2×3×5×7。如果用传统的电子计算机去进行因式分解，它用的就是穷举法，用由小到大的素数，一个个去尝试是否可以整除。数小的时候还好办，如果是个异常大的数，穷举法的效率就极其低下。但量子计算机则完全不同，量子力学系统的基本属性是波函数的叠加态，因此量子计算机可以做到真正的并行计算，在面对一个大数进行因式分解任务的时候，量子计算机可以同时尝试所有素数去分解目标合数，被分解的数越大，量子计算机的优势越明显，因为电子计算机的算法做因式分解的复杂度是随着数的大小指数上升的，而量子计算机进行因式分解的复杂度是线性的。

但量子计算机有一个实际操作上的巨大问题，就是它对于误差、微扰太过敏感。由于量子力学的不确定性，如果发生微扰、误差，那这个错误完全是随机的，即便想要人为修正也做不到。这也是为什么关于量子计算的理论在 80 年代就已经出现，而量子计算机的初步实现却要等到近年了。凝聚态物理系统中的天使粒子对是被系统分开的，它们被拓扑保护，体现出极强的鲁棒性，由此可以对抗计算中的误差。量子计算中的误差源通常都是局域化的，而由于天使粒子对作为一个系统的拓扑属性，是全局化的。拓扑属性忽略局部干扰，因此局部干扰并不会让拓扑系统产生任何变化，这就是天使粒子为何可以作为实现稳定量子计算系统的候选。

第 11 章 凝聚态宇宙

本书的书名是《宇宙的另一种真相》，但直到现在，我们都未曾谈到宇宙。其实宇宙的“另一种”真相，强调的是反还原论的哲学观，有别于传统的、还原论的哲学观，强调的是“多，即不同”，强调的是“涌现”作为一种物理现象，它也可以作为一种“万物存在”的原理。还原论的哲学观，关注的是万事万物的基本构成单元，认为哪怕宇宙尺度的、宏观的物理规律，也应当由微观的规律构筑出来。这也是为什么宇宙学的研究，无时无刻不包含着量子物理、粒子物理甚至是弦论这样描述微观世界的基础理论。既然凝聚态物理的方法论、反还原论的思想以及涌现的物理现象，也是我们所主张的、对我们这个宇宙最基础的认知方式，那这套认知，是否也可以被应用到对天体宇宙的研究之上呢？本章我们就来谈论一下这个领域。虽然还非常初级，但是凝聚态物理的思想，已经开始在宇宙学领域发光发热了。

任意子与分数统计

还是先让我们回看量子霍尔效应。量子霍尔效应中，霍尔电导是以整数规律变化的：

$$\sigma = v\frac{e^2}{h}$$

其中 σ 是霍尔电导，e 是电子电荷数，h 是普朗克常量，v 则是填充因子（filling factor）。这里的填充因子其实就是朗道能级有多少个被电子填满了。在量子霍尔效应中，v 是以整数规律变化的，当 v=1 的时候，说的其实是有两个朗道能级被电子填充，依次类推。霍尔电导的量子化其实是在说，电荷在边缘的传输过程中，电流是量子化的，单位时间内传递的电量就是电子电荷数量的整数倍。但神奇的事情又发生了，那就是分数量子霍尔效应。分数量子霍尔效应，其实就是电荷的传递，可以不遵循整数规则，可以是一个分数，也就是填充因子 v 可以是一个分数，在实验中，v 被测出来可以是 1/3，2/5，3/7，2/3，3/5，1/5，2/9，1/13，5/2，12/5，等等，这简直就像是在说，电子的电荷还可以再拆，通过分数量子霍尔效应系统，我们可以把电子拆成 1/3 个电子、60% 的电子，也可以聚合成 2.5 个电子、2.4 个电子，等等。然而我们从中学物理当中就知道，电子所具有的元电荷是最小的电荷单元，它不能继续被分割了。

为什么会出现这样的物理现象？微观上我们并不知晓，对于分数量子霍尔效应的研究，依然是一个活跃的开放领域，我们只知道这是由于电子之间具有强烈的相互作用。如果回到前文分析量子霍尔效应使用的场景：单个电子占据的面积当中，只能有整数个圆圈，不能有 2.5 个圆圈的情况，难道就不能 3 个电子占据的面积当中，有 7 个圆圈，每个电子平均下来分到 7/3 个圆圈吗？也可以，这其实对应了分数量子霍尔效应。分数量子霍尔效应下，电子之间也有比较强烈的相互作用，这种情况下电子密度和圆圈个数的密度是可以成分数比值的，这是只有在电子之间的相互作用比较强烈的情况下才会出现的现象。

分数量子霍尔效应可以说是打开了一个全新的领域，甚至可以说是把凝聚态物理的地位提升到了一个极高的高度。分数量子霍尔效应意味着，我们可以通过凝聚态的量子系统去人为创造出一些自然界本不存在的物理学规律。这其实是给我们的基础物理研究指出了一个新方向，就是除了用高能粒子对撞机不断撞出更小的粒子以外，我们还可以尝试用人为构造的凝聚态系统，模拟一些最基本的物理原理，分数量子霍尔效应就是一个很好的例子。我们通过这个凝聚态系统甚至模拟出了自然界中本不存在的粒子物理规律。华人科学家崔琦，就是因为在实验上做出了分数量子霍尔效应获得了 1998 年的诺贝尔物理学奖，同年获奖的还有美国物理学家罗伯特·劳夫林（Robert Laughlin），他是因为给出了分数量子霍尔效应中，描述多体系统的波函数（劳夫林波函数），并且可以准确地描述分数量子霍尔效应中的分数电荷，而劳夫林也是非常著名的反还原论者。

张首晟与同事 Steven Kivelson（左一）、▲
Robert Laughlin（左二）等的合影

张首晟与崔琦的合影▲

很显然，分数量子霍尔效应是从具备强烈相互作用的凝聚态系统中涌现出来的秩序，这种秩序并不存在于系统的微观组分上。照着这个思路，任意子（anyon）的概念，可以说更是令人眼前一亮。

前文提到，基本粒子可以分为两大类：玻色子、费米子。如果两个玻色子相互交换位置，它们整体的波函数会获得一个数值是 1 的相位，比方本来的波函数假设是 $\phi(x, y)$，x 和 y 分别是两个玻色子的坐标，然后把两个玻色子交换，变成了 $\phi(y, x)$，两个玻色子的交换会告诉我们，$\phi(x, y)=\phi(y, x)$，但如果是费米子的话，它会获得一个 -1 的相位，也就是 $\phi(y, x)=-\phi(x, y)$。而任意子交换了以后，波函数获得的相位介于 1 与 -1 之间，所以它们既非玻色子，也非费米子，既不满足费米子的统计规律，也不满足玻色子的统计规律。分数量子霍尔效应启发我们，可以在量子系统中获得一些准粒子（quasiparticle）。这些准粒子，目前看来在自然界是不存在的，也就是粒子物理的实验中完全没有发现这样拥有分数统计的粒子，粒子物理中也没有针对分数统计的理论。不论是分数量子霍尔效应，还是任意子及其对应的分数统计，它们都只存在于二维系统当中，三维系统中并不存在。而在 2020 年的时候，任意子的分数统计也被实验证实存在于二维系统中。这就又启发我们思考，如果我们生活的宇宙在人类的感知下呈现出三个空间维度，而在几何上三维的体只是四维超体的边缘，如果在我们的理论当中，把维度升高，只把三维世界中的物理规律当成是四维或者更高维度当中的投影，这是不是就有点宇宙学的味道了？毕竟很多前沿的宇宙学理论都在讨论额外维，如弦论、M 理论等。

狄拉克锥：四维宇宙

这就又要说回我们曾在第 6 章中详细介绍的拓扑绝缘体了。拓扑绝缘体的某些性质，居然能给我们这样的启发：我们的宇宙，可能只是一块超大型的、四维拓扑绝缘体的三维表面。这是因为，若研究一块三维拓扑绝缘体的二维表面，如果我们去关心它们的能带结构，就会发现，在这二维表面上运动的电子的能带结构是漂亮的狄拉克锥（Dirac cone）。

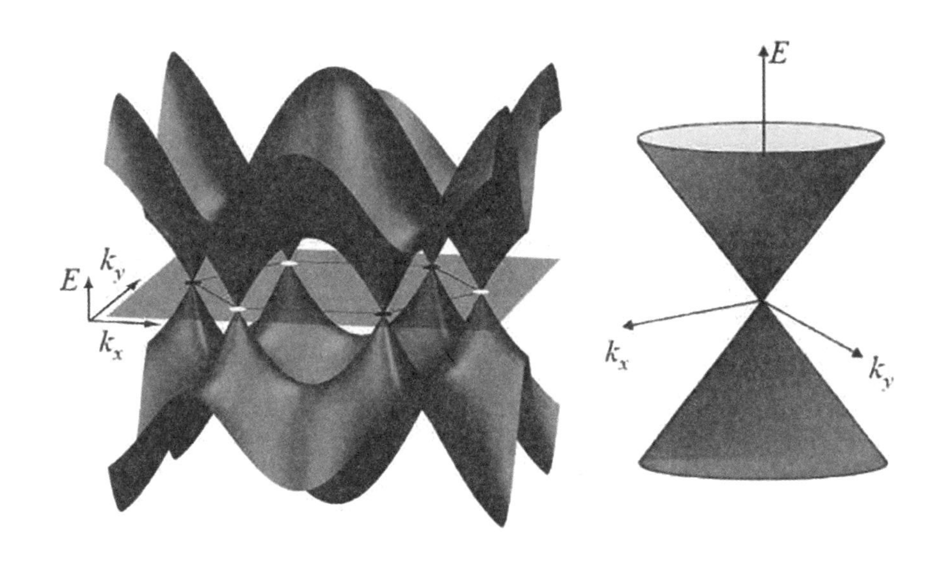

三维拓扑绝缘体中的电子能带结构，形成狄拉克锥 ▲　　狄拉克锥的细节展示 ▲

所谓狄拉克锥，可以类比相对论当中的光锥，只不过光锥的坐标表达的是时空关系，是时间 t 与空间 x 之间的关系，而能带结构中的狄拉克锥表达的是能量与动量之间的关系。如果电子在表面上的行为是用狄拉克锥描述的，则表示电子在运动过程中，就好像丧失了质量一般，因为狄拉克锥是没有能隙的，并且上下能带的接触只在一个点上。在能带结构中，质量的存在就表现为能隙的存在，狄拉克锥不存在能隙，所以表现为表面电子丧失质量。这个特性，启发了我们关于中微子之谜的猜想。

中微子是一种轻子，因此没有色荷，不参与强相互作用。中微子也不带电，所以不受库仑力。但中微子具有味荷，所以参与弱相互作用。β 衰变的过程会产生中微子，而 β 衰变就是弱相互作用主导的。中微子有个奇怪的特性，那就是它的静止质量十分接近零，但又不是精确等于零，我们到今天都还没有测量出中微子的质量具体是多少。这其实对应了粒子物理中的级列问题，即为何弱力比电磁力弱那么多，而引力又为何比弱力弱了那么多。

中微子的数量极其庞大，又因为不参与强相互作用和电磁相互作用，所以具有极强的穿透性，就指甲盖大小的距离，每秒都有几千亿个中微子穿梭而过，它们主要来自太阳。中微子有很多奇特的性质，至今都没有被很好地理解，例如中微子振荡。中微子并非只有一种，我们常说的中微子其实是电子中微子，其他的两种分别是 μ 中微子和 τ 中微子。中微子振荡说的是中微子可以在它的三种不同种类中切换。

中微子振荡的现象可以追溯到对太阳的研究。太阳内部的核反应，总的过程是四个氢结合成一个氦，当然中间有比较复杂的过程。要验证太阳内部的反应是否真的是上述过程，需要通过实验来完成。其中一大验证的方法，就是研究太阳内部核反应所产生的粒子。我们在地球上对太阳做研究也只能研究太阳光，但是由于太阳内部的反应过程非常多，中心核反应产生的光子要从内部射到表面，可能需要千年之久。而测量太阳里发射出来的中微子数，就可以判断太阳内部的核反应过程到底是怎样的，这能帮我们更多地了解太阳内部的情况。最早在 1968 年，美国物理学家戴维斯（Davis）给出了第一个关于太阳中微子的实验结果，但这个结果却让人十分意外。戴维斯探测到的数量仅为理论计算的三分之一左右，这就是著名的太阳中微子问题。也就是三分之二的中微子，在传播的过程中不见了。当时大部分物理学家以为是实验做错了，都没当回事。随着实验精确度的提高，大家开始认真对待这个问题：是真的有那么多中微子不见了。1968 年，意大利物理学家庞特科沃提出了一个非常简单的理论。他认为中微子存在振荡现象，也就是随着时间的推演，一个中微子会变成另外一种中微子。太阳里射出的中微子，在传递到地球上的过程中，有一部分已经转变成其他中微子（比如 μ 中微子和 τ 中微子）了。所以，我们无法探测到像理论里预测那样多的电子中微子。如果再让它传播一定时间，那么这些中微子又会转变回来，就像一个周而复始旋转的时钟一样。中微子振荡的理论一开始仅仅是预言，直到 2001 年才被日本的一个大规模实验设施验证。这个实验设施就是著名的超级神冈探测器，简称 Super-K。这个探测器建立在地下 1000 米以下的一个废矿中。之所以建在这个位置，就是为了屏蔽除了中微子以外的其他宇宙射线的影响。神冈探测器在 2001 年证实了中微子振荡现象。

中微子还有一个奇怪的特点，那便是中微子是个“右撇子”，从未见过“左手”中微子。这里的“右手”和“左手”说的是中微子的螺旋度（helicity）。中微子有自旋，当自旋方向与运动方向相同的时候，我们就说它是右手螺旋的中微子，左手螺旋指的则是自旋方向与运动方向相反。

怪就怪在，我们从未发现过左手中微子，被探测到的从来都是右手中微子，反之，如果是反粒子，则从未发现过右手反中微子，有的都是左手反中微子。其实拓扑绝缘体边缘上的电子，也有类似特性。拓扑绝缘体边缘上的电子，前文曾详细论述，其自旋方向与运动方向是严格相关的。而在拓扑绝缘体不同的边缘，自旋关系则与运动方向是相反的。因此我们是否可以猜测，我们的三维宇宙，不过是四维宇宙的三维表面，四维宇宙的时空结构就好像一块拓扑绝缘体的内部，而所有的左手中微子其实是在宇宙的另一侧？

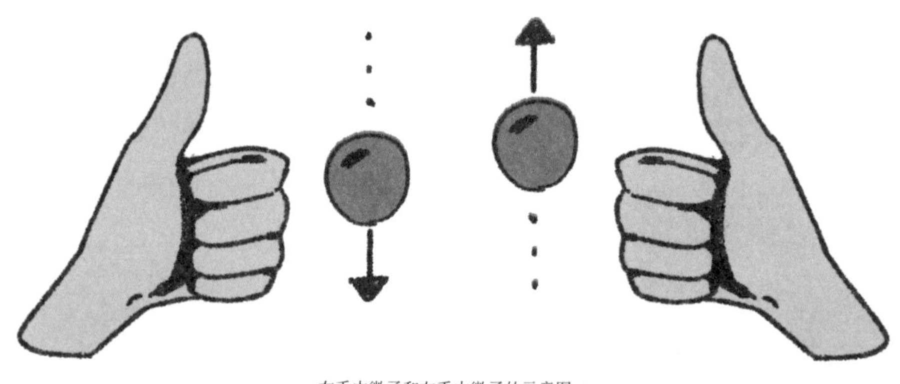

右手中微子和左手中微子的示意图 ▲

用这个模型去类比的话，中微子小质量也可以有一定解释。中微子的质量非常接近零，这也导致它们的运动速度极其接近光速。而拓扑绝缘体边缘的电子，其运动规律虽然是狄拉克锥，但这其实是针对理想中的、无穷大的拓扑绝缘体，只要系统的尺度不是真正意义上的无穷大，不同边缘之间的电子总会相互影响，这就会使得它们的能量，虽然十分接近狄拉克锥，但依然有一个小小的能隙，即小小的质量。用这个模型去看待中微子，似乎它的微小质量也可以被解释。

用凝聚态物理系统去解释宇宙尺度的现象，狄拉克锥只是初见端倪。但如果我们真的能把所有跟大尺度，跟引力，尤其是量子引力相关的物理现象都投射到一个多体物理系统中，那也许我们真的能做到对于宇宙的“见微知著”“一叶知秋”了。

ER = EPR

如果要用凝聚态物理的办法去研究大尺度的宇宙学相关的问题，这里面其实有一个巨大的鸿沟，那就是引力，尤其是引力和量子力学的效果糅在一起时，这就变得极其困难。研究宇宙尺度的问题，广义相对论是基础理论，它描绘了大时空尺度下，能量、引力与时空的关系。而在凝聚态物理系统中，没有引力的存在，因为从研究对象来说，凝聚态物理系统的对象不过是量子多体系统，全部都是量子力学，甚至连光速 c，都并不直接出现在凝聚态物理中。更不要说，我们感兴趣的凝聚态系统，大多是理想化的、温度趋向于绝对零度的、充分凸显其量子效应的系统。既然存在引力这样一个巨大的鸿沟，凝聚态系统中根本不考虑引力，又何谈通过凝聚态物理的思想和办法去研究宇宙尺度的东西呢？简直天渊之别。但并不是毫无办法，答案可能是“人造虫洞”，即 ER = EPR。

量子力学和广义相对论是 20 世纪两个最先进的理论体系。它们分别在极小和极大两个尺度上描述了宇宙的深层物理规律，然而这两个理论很难融合成为一个统一的理论体系，一旦融合，我们便可以说我们找到了万物理论。有很多理论便是要去尝试融合广义相对论和量子力学，例如弦

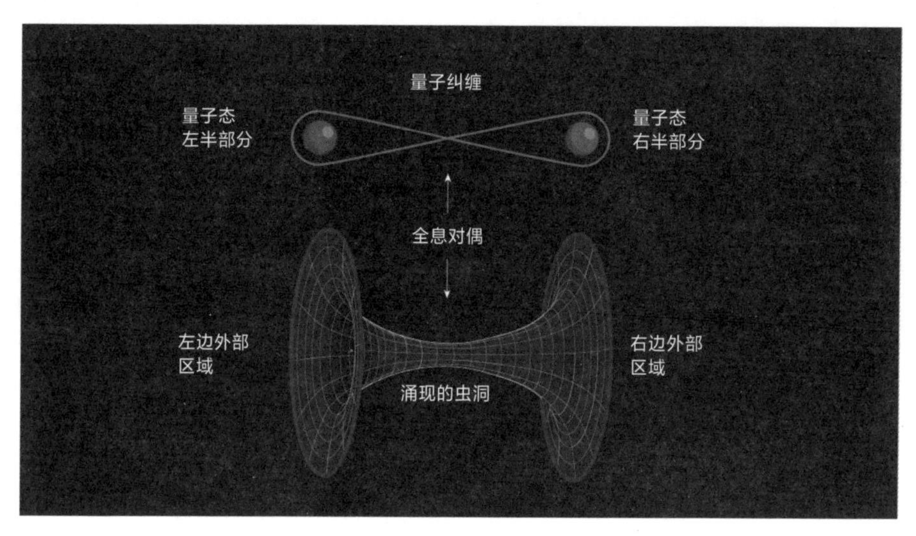

ER=EPR，上：量子纠缠 下：虫洞 ▲

论，所以弦论研究者们通常会认为弦论是一种万物理论。

关于 ER=EPR，最早还要从爱因斯坦说起。爱因斯坦与他的同事罗森，在 1935 年发表了一篇论文，发现黑洞之间有可能可以用虫洞（wormhole）相连接，所谓虫洞其实就是他们通过解关于黑洞的广义相对论方程时发现，黑洞的表面可以不止有一个，也就是如果把黑洞的视界线当成黑洞的入口，则这样的入口可以多于一个，那么连接不同黑洞入口的部分就是虫洞。但这个虫洞是不稳定的，无法进行穿越，也不能做超光速旅行。这个虫洞也被称为爱因斯坦－罗森桥（Einstein-Rosen bridge），也就是 ER。同年，爱因斯坦和罗森又叫上了一位合作者波多尔斯基（Podolsky），提出了一个叫作 EPR 的理论，在这个理论中，他们提出了著名的量子纠缠（quantum entanglement）的物理现象。由此可见，ER 描述的是宏观的天体，是宇宙尺度，而 EPR 则是描述的量子尺度的事情，是极其微观的尺度。

在弦论中有一个原理，叫全息原理（holography pinciple），说的是一块时空的信息，可以被编码在它的低维边界上，比方三维黑洞里的信息，可以被无损地映射在它的二维表面上，把二维表面的状况研究清楚了，黑洞里的状况也就清楚了。现在研究量子引力的一个主流方向叫反德西特空间共形场对偶（Ads/CFT duality），又称马尔达西那对偶（Maldacena duality），是 1997 年的时候由普林斯顿高等研究院的物理学家马尔达西那提出的。大概意思就是说企图融合量子力学和广义相对论太困难了，那就把它投影到一个比较简单的，能被研究的边界上，在边界上，就不用考虑引力，只用考虑量子场即可。而量子场论是一个我们已经研究得比较清楚的理论，可以把复杂问题做一定程度的简化，使之变得易于研究。用一个简单但不丢失信息的、一一对应的方法，就可以通过研究相对简单的系统，了解复杂系统的性质。

到了 2013 年，斯坦福大学的苏世侃（Leonard Susskind）与马尔达西那合作，他们根据全息对偶理论，提出了 ER=EPR。

也就是虫洞跟量子纠缠，别看一个宏观，大到了黑洞量级，一个微观，小到基本粒子量子，这一大一小，一个宏观，一个微观，一个由广义相对论主导，一个由量子力学主导，它们俩在数学结构上具有一一对应的关系，逻辑关系上其实是一回事，我们只要把量子纠缠研究明白了，就几乎等于把虫洞研究明白了。这就给未来研究量子引力提供了一个重要方向，毕竟天体级别的引力现象，我们只能观察，做不了实验，观察还需要碰运气，例如引力波，从理论提出到成功探测，等了整整一百年。但如果真的把量子引力的现象，一一对应到量子系统，我们就能用研究量子系统，甚至是量子多体系统，也就是凝聚态物理的方法论对其进行研究了。例如对早期宇宙，宇宙大爆炸理论是主流的宇宙起源理论。在大爆炸理论的基础上，暴胀演化（evolution of inflation）则描述了宇宙从诞生到头一秒钟以内发生的事情：宇宙在诞生之初的一秒钟之内经历的极速的膨胀，其膨胀速度远超光速，而宇宙在后 138 亿年间扩大的倍数，也只不过是与其在头一秒钟之内扩大的倍数相当。在暴胀过程中，宇宙的能量密度极高，体积也并不大，所以可以想见，在这个过程中，量子力学与引力的效果是同样重要的。如果可以把这个宇宙环境，投影到一个只需要考虑量子多体相互作用的，甚至是凝聚态的物理系统当中，可以想象能获得很大的便利，这对研究早期宇宙，甚至暗物质、暗能量的起源，都是有帮助的，因为不论如何，虽然宇宙暴胀我们无法再现，但凝聚态物理系统总还是有可能在实验室实现的。

这个宇宙中，最神奇的天体可能要算黑洞了。但我们知道，黑洞是只进不出的，也就是黑洞内部是什么样子，我们无从得知，这也是为什么诺兰的科幻电影《星际穿越》可以对黑洞内部进行如此充满艺术性的描绘，反正也无法验证，那就想怎么拍就怎么拍吧。但通过凝聚态物理的办法，我们甚至可以一窥黑洞内部的奥妙。2018 年左右，美国加利福尼亚理工学院的物理学家基塔耶夫（Kitaev）给出了一个二维的黑洞模型。他的做法就是把黑洞的性质投影到一个量子多体系统中，并通过对该系统的研究反推很多关于黑洞的性质，甚至包括黑洞内部的性质。这给我们研究黑洞打开了新的路径，传统研究黑洞的办法更多是较为宏观的，如霍金的很多工作，是对黑洞的整体性质，如黑洞的熵进行计算。由于黑洞内部无法被窥探，所以很多具体的性质，尤其是微观的性质，我们不得而知。但如果我们能把黑洞的物理性质投射到一个完全能被我们研究的物理系统当中，从微观上，我们也能一探黑洞的究竟了。这就又好像我们对超导现象的研究，原本我们只能通过类似于朗道给出的唯象理论，从现象层面描述超导的行为，但自从有了 BCS 理论，我们终于能从一定程度上，了解超导的微观机制了。

首晟曾经说起过自己攻读博士学位时的经历，他原本的学术志向，是想参与到完成爱因斯坦毕生的追求，也就是统一场论的建立当中去。所谓统一场论，就是把所有已知的相互作用，即强力、弱力、电磁力、引力统一到同一个理论框架中，当然爱因斯坦时期，强力和弱力都还没有被证实，爱因斯坦原本对于统一场论的追求只是统一引力和电磁力。首晟前往纽约州立大学石溪分校攻读博士学位时，找到了杨振宁先生，希望追随杨先生进行高能物理方向的研究，向统一场论发起冲击。但作为高能物理泰斗的杨先生却对他说，应该更加关注凝聚态物理的发展，里面有很多相当有意思的事情在发生。凝聚态物理在 20 世纪 80 年代的时候还被认为主要是研究材料物理特性的学科，然而果不其然，自从拓扑序被发现以后，它在材料以外的各个领域都大放异彩，它的影响力甚至延伸到了宇宙学，延伸到了黑洞，延展出了精彩的凝聚态宇宙。

第12章 复杂的真理

人类的一切知识，或者说人类所有的追求知识的行为，有没有一个共同的、终极的目标？不论是早期人类的星象、占卜、祭祀、宗教等行为，还是后来的对哲学、科学以及各种学科的研究，它们其实都隐隐有一个共同的追求，至少从功利的、贴合人类生存需求的角度来说，那便是：对抗世界的不确定性。从原始部落的祭祀、巫术开始，当时的人类企图通过这种行为来获得神明、祖先的庇佑，以对抗大自然的不确定性，例如各种天灾。到了古希腊、古罗马时期，即便是哲学已经诞生的年代，当时的人类也通过创造神话体系，把各种自然现象和人造事物与神明联系起来，这样便可以向神明祈求保佑，让诸事皆顺，以此对抗世界的不确定性。如果我们去详细了解一下，当时的神话体系细致到了什么地步，就会知道这种对抗不确定性的渴望是多么强烈，例如中国古代有门神的概念，而在古罗马，一扇门光靠一位神祇来管理都不够，古罗马神话体系里有一个神叫Cardea，是专门管理门轴的，还非常精确地是一位女神。Cardea后来演变得非常重要，其意义逐渐引申为Chief of Things，代表一切主要的、重要的事务，例如欧洲古代的主教英文是 Cardinal，就是从 Cardea 演变而来，所以为什么主教也被称为“枢机”，其实就是门轴的意思。

如何对抗世界的不确定性？对抗不确定性的终极形态，就是让不确定性都变成确定性，关于这个需求，有一个更简单的表达：预知未来。对于不确定性的恐惧，以及对于确定性的渴望，在科幻小说《三体》中，可谓被展现得淋漓尽致。三体人生活的三体星系，有三个质量相当的太阳。三个质量相当的天体在引力作用下运动，会形成几乎是完全不可预测的运动轨迹，这让三体人的生存环境极其恶劣。所以在地球上的三体人的追随者，分成了“拯救派”和“降临派”，拯救派的核心主旨就是希望通过人类的智慧，研究清楚三体问题，能够准确地预测三体星系里的三个太阳具体是如何运动的，帮助三体人获得确定性，从而能够获得安稳的生存环境。而三体人之所以要侵略地球，就是羡慕地球人所拥有的恒定的四季，这在三体人看来已经是巨大的确定性了。不确定性是对生命体生存的巨大威胁，生命体的第一属性是求存，所以对抗不确定性，可以说是所有生命体内在的、最深层的本能。

自从科学诞生以后，人类对抗世界不确定性的能力，可以说是发生了巨大的、戏剧性般的飞跃。人类每一个在科学上的进步，本质上都可以被说成是，能帮助我们更高效地消除不确定性。我们学习的各种科学知识，往往是各种原理、定律、定理，这些定律、定理，都被认为是恒常不变的、世界运行的客观规律。而科学的任务，尤其是物理学的任务，就是要去寻找这个宇宙中，那些恒常不变的客观规律。18~19 世纪的科学家甚至认为，这个宇宙中的不确定性，至少从理论上，是完全可以被消除的，这就是著名的机械宇宙观。持这样观点的代表科学家，当数法国的拉普拉斯。拉普拉斯甚至提出了一个假想中的概念“拉普拉斯妖”，它跟“芝诺龟”、“麦克斯韦妖”以及“薛定谔的猫”被戏谑地并称为“物理学四大神兽”。拉普拉斯妖是这样一只妖精，它知晓在某一个时刻，宇宙中所有粒子的位置和速度，那么原则上，它应用牛顿定律，就可以计算出宇宙中所有粒子在下一个时刻的位置和速度，以此类推，拉普拉斯妖即是全知的，

薛定谔的猫▲

麦克斯韦妖▲

芝诺龟▲

拉普拉斯妖▲

它能完全地预测未来。当时的科学研究，似乎就是在全心全意地追寻这只拉普拉斯妖的存在。但其实拉普拉斯妖在逻辑上有个漏洞，那就是，即便拉普拉斯妖真的存在，它也不能被人类所感知。假设你碰到了一只拉普拉斯妖，你问它：请你预测一下我下一秒会做些什么。注意了，拉普拉斯妖即便真的知道你下一秒会做什么，它也不能告诉你，因为一旦它告诉你了，你完全可以不按照它说的做，这样一来，拉普拉斯妖就不是全知的了，它就不是拉普拉斯妖了。所以拉普拉斯妖不能告诉你你下一秒会做什么，否则人的自由意志就被否定了。因此，拉普拉斯妖即便存在，它也不具备被人类验证的能力。

随着量子力学的诞生，人们发现了不确定性原理。这条原理可以说是量子力学的第一性原理。它直接把人类对完全确定性追求的梦想给摔了个粉碎。不确定性原理说，我们无法同时精确测量一个满足量子力学的微观粒子的位置和速度。当你测得它的精确位置，就无法精确测量其速度，反之亦然。之所以用概率波去描述量子系统，是因为量子系统具有不确定性，完全不可精确预测。概率波的描述和不确定性原理可以说是互为充要条件。有不确定性原理则必有概率波描述，概率波描述必对应不确定性原理。即便如此，不确定性原理所表达的内容仍然令人十分费解。这些微观粒子不就是体积很小的小球吗？怎么会出现位置和速度无法同时确定的情况呢？任何一个宏观物体都可以同时确定其速度和位置，为什么到了微观粒子就无法确定了呢？理解这个问题的关键在于对微观粒子的认知，我们认为：微观粒子只是一个小到只有千分之一纳米的小球。问题就出在这个“是”字上，当我们说出“微观粒子只是个小球”时，这个“是”字，是没有经过检验的。

我们通过实验，比如将电子打在铺满荧光粉的墙面上，发现墙面上电子的形象就是一个很小的点，于是默认电子必然是一个很小的小球。但是将电子打在墙面上是一个测量过程，这个测量过程告诉我们小球的位置信息。当测量电子的位置时，它的空间属性是个小球。但测量速度时，我们无法确定在以一定速度运动的过程中，电子是否还是一个小球的形态。如果抛开"电子是一个小球"的执念，我们就能更好地理解无法同时将两个性质测准这件事。在宏观世界，这样的情况很普遍。比如，体能测试里有两个指标是测心肺功能的：一个是肺活量，另一个是激烈运动后的心率。很显然，这两个指标是无法同时测准的，肺活量必须在平静的情况下测，激烈运动后的心率必然是在激烈运动后，比如跑两圈后再测量。因此，肺活量的测量和激烈运动后心率的测量是不兼容的，你不会觉得这有什么难以理解的。但为什么放在电子的测量上，就会觉得两个物理量不能同时测准如此难以理解呢？因为你已经主观预设微观粒子是个小球，但是只要放下微观粒子是个小球的执念，不预设它"是"什么，理解不确定性原理就会变得很简单。对于一个微观粒子，速度和位置这两个测量并不兼容，就像测量人体的肺活量和激烈运动后的心率不兼容一样。也就是说，微观粒子不是一个小球。

那么微观粒子到底是什么？这是一个非常好的问题。首先回想一下，你如何描述一个东西是什么。本质上，人们描述任何一个物体，所描述的都是这个物体的性质。一个物体具体是什么，体现为它所表现的所有性质的集合。人们会给宏观物体起各种各样的名字，比如一个苹果，但是如果要解释什么是苹果，只能把苹果的性质一条条地描述出来：吃起来是酸酸甜甜的；形状是上面比较大，下面比较小；颜色是红的或者绿的；等等。人们将有这种共性的水果，抽象成为一个概念：苹果。当我们说铅球是一个球时，无非是因为它的形状呈现为球形，我们把这种形状叫作球。我们之所以对球这个形状有认知，是因为我们用视觉对它进行了“测量”。也就是说，我们对于物体是什么的描述，本质上是对它在不同测量方式下得到的结果的集合的描述。在微观世界，对于电子这么小的粒子来说，不存在视觉这种知觉。宏观物体有确定的颜色、形状，能被肉眼所见，是因为它们的大小比光波的波长要大很多，能反射光线，但是像电子、原子这样的微观粒子，它们的大小比光波的波长还要小很多，无法反射光线，因此无法被视觉感知。基于这种情况，我们无法用小球这样的视觉概念去形容它们。为了感知微观粒子的存在，人们只能通过各种各样的实验去测量它们，通过不同的实验测量得出不同的结果。对我们来说，这些微观粒子就是这些实验测量结果的集合，我们给这样的性质命名，这些微观粒子，真要说是什么，它就只是叫这些集合名字。这里我们得到启示：在量子力学中，不能说一个物体“是”什么，只能说这个物体或者系统在某种测量下呈现出某个结果。而且测量和测量之间，很有可能是不兼容的，也就是目标对象很有可能在同一状态下无法给出两个性质的确定结果，这就体现为针对同一量子系统的两种测量之间的不兼容性。不确定性原理告诉我们：由于位置和速度是不兼容的测量，所以不存在确定的电子轨迹。只要认为电子运动有轨迹，我们就已经预设它是一个小球，从根本上违背了描述量子系统的原则。

人类对于确定性的追求实在太过强大了，连爱因斯坦这样的物理学天才，也久久无法接受世界的真相是不确定的这一观点，于是爱因斯坦说出了他的名言：上帝是不掷骰子的。爱因斯坦认为，不确定性原理从根本上否认了因果律。这样的哲学观爱因斯坦是不接受的。爱因斯坦认为，量子力学的随机不是真随机，一定存在隐藏因素在决定每次做测量时测得的结果。波函数即便有坍缩的过程，该过程也必定是连续的。为此爱因斯坦设计了一个思维实验企图证明哥本哈根诠释是错误的，这个思维实验叫EPR悖论。EPR分别是爱因斯坦（Einstein）、波多尔斯基（Podolsky）和罗森（Rosen）三位科学家的姓氏首字母组合。

这个思维实验是这样的：假设哥本哈根诠释正确，那么一个量子系统的状态可以写成一定概率的状态A和一定概率的状态B的叠加，这两个概率加起来要等于1。当测量系统状态时，得到的只是系统处在状态A或者状态B的具体结果。

同理，把两个量子系统放在一起时，可以通过调节系统状态，让二者之间产生关联，使得两个系统成为一个整体。为便于讨论，可以只看两个相互关联的电子，这种相关联的状态叫作纠缠态。我们应该这样理解纠缠态：两个电子组成的系统的状态可以写成一定概率的两个电子都处在状态A加上一定概率的两个电子都处在状态B。现在去测量其中一个电子，如果得到的结果是状态A，这时甚至不用再对另外一个电子做测量，就可以判断出它也处在状态A。反之，如果测量其中一个系统得到状态B，也可以不用测量另外一个系统就知道它也处在状态B。

至此，爱因斯坦推导出了一个与狭义相对论矛盾的推论。在上面提到的两个纠缠住的系统，这种纠缠态与两个系统之间的物理距离并没有必然联系。我们可以让两个系统的距离相隔非常远，这时纠缠的状态依然存在，这里就出现了悖论。举个例子，我跟你两个人一人手上拿着一个电子，我们让这两个电子处在量子纠缠的状态。你拿着电子坐宇宙飞船去了一光年以外，这时，只要测量一下我手中电子的状态，假设它此时处在状态 A，由于我们手上的电子是相互纠缠的，我就能立刻知道你手上的电子也处在状态 A。于是你那边的信息，瞬间被我知道了。这是一个超距作用。但是我们知道任何信息的传播速度都无法超越光速，超距作用并不存在，它违背了相对论。问题出在哪里呢？一路追溯上去，只能说量子纠缠这种状态不可能存在，哥本哈根诠释是错的。这就是爱因斯坦的 EPR 悖论。

但事实上，量子纠缠这种现象是存在的。我们甚至还利用量子纠缠制造量子计算机。理论上，验证量子纠缠的方法叫"贝尔不等式"，2022 年的诺贝尔物理学奖便是颁发给了用实验验证贝尔不等式不成立的科学家，这支持了不确定性原理的真实性。爱因斯坦的悖论不仅没有推翻哥本哈根诠释，没有否定不确定性原理，反而提出了量子纠缠这种现象并验证了其正确性。爱因斯坦错在哪里呢？难道是相对论错了？可以存在超光速的信息传递吗？问题在于我们对信息的认知。量子纠缠的现象似乎可以让我们瞬间知道几光年以外的事情，但是这种知道并非信息，因为它不是确定的。

什么叫信息？能够消除观察者不确定性的内容，才叫信息。比如，我们手上各拿一个纠缠在一起的电子。这时你去外星寻找水源，我们约定，如果你找到了，就让你手里的粒子处在状态 A，没有找到就让它处在状态 B。假设你真找到了水源，这时你希望让我也知道。你想让我探测一下我手中的电子，并测得电子处在状态 A。你能做到吗？你做不到。虽然我们手上的粒子处在同一个状态，但是你无法控制我测量时具体得到的是状态 A 还是状态 B。你可以先测量，但你也无法控制测量的结果是什么。只要你得出了状态 A 或者状态 B，我也必然得到同样的答案。正因为无法控制结果，你无法消除我的不确定性。所以没有信息的传递，因此它并不违背相对论。一旦测量之后，我们手上的两个粒子，就确定落入了同一个状态，它们之间从此就不存在量子纠缠了。因此测量后，我们也无法再利用纠缠的性质去传递信息了。

如前文所述，人类对于科学的研究，也许一部分来自人类天然的好奇心和求知欲，更底层的，可能是来自对抗世界不确定性的本能。那到底什么是确定性呢？从爱因斯坦反对不确定性原理的原因能看出来，确定性其实就是因果律。爱因斯坦反对不确定性原理是因为它打破了因果律。而因果律又是什么呢？英国哲学家大卫·休谟（David Hume）通过著名的“休谟

英国哲学家大卫·休谟 ▲

第一问题”，直言因果律并不存在，它不过是人类认知世界、解释世界的一种习惯。所谓因果律，便是有两个事件A和B，如果事件B的发生，在过往的经验中，必伴随A的先发生，而在过往的经验中，任何A的发生又必然有B的发生跟随，且不论如何改变环境，A必然导致B，且B必然伴随A，则我们称A为B的因，B为A的果。但其实因果律也并非一定是客观的存在。例如你问任何一个原始人，明天太阳是否会从东边升起，即便原始人没有接受过任何物理学的教育，他也会充满自信地告诉你，太阳明天一定会从东边升起，百分之百，没有任何犹疑。我相信，关于太阳明天会从哪边升起，也不会有任何一名读者有疑惑。但如果我们继续追问，你为什么觉得太阳明天一定会从东边升起？太阳必定从东边升起的原因是什么？那想必他会如此回答：因为从来如此，我从未见过太阳不从东边升起的情况。注意，此处的原因是：“因为过去一直如此，所以我相信明天也必定如此。”关键词其实是“相信”。如果问一个中学生这个问题，他会告诉你，因为地球的自转是自西向东，所以在地球上看起来，太阳是从东边升起。那为何地球是自西向东转？因为地球一贯是自西向东转，所以未来也必定自西向东转。为何过去是自西向东转，则未来也必定是自西向东？一名物理系的大学生会告诉你，因为物理学里有一条定律叫作角动量守恒。角动量守恒告诉我们，一个不受外力矩干扰的系统，它的旋转角动量不随时间改变而变化，所以地球现在自西向东转，明天也一定自西向东转！那为什么到了明天，角动量守恒依然成立？因为过往一直成立！为何过往成立，未来便一定成立？这个时候把物理学到研究生水平的人会告诉你，因为物理学定律不随时间推移发生变化！所以角动量守恒，明天也一定成立！为何物理学定律不随时间推移发生变化？因为这叫时间平移对称性！我们的宇宙具有时间平移对称性！为什么宇宙具有时间平移对称性？因为诺特定理告诉我们，任何一个对称性都对应了一条守恒律，时间平移对称性对应了能量守恒定律！为什么能量一定要守恒？因为在以往的经验中，我们从未发现能量不守恒的情况！我相信能量守恒是亘古不变的真理！

经过上述激烈的问答，相信你也看出来了，对于导致某个现象产生的原因，我们可以刨根问底，但最后，即便你拥有研究生水平的物理学知识，你跟毫无物理知识的原始人相比，对于太阳明天一定会从东边升起这个问题的笃定，其本质却是相同的。你们的笃定同样来自“相信”，你们相信的，都是“过去一直成立，未来也必定成立”。只不过原始人相信的是自己的生活经验，而物理系研究生相信的则是“能量守恒是一条铁律”，过往屡试不爽，未来也必定不辱使命。所以我们对于自然规律的总结，把它们总结成因果律，真正的依据还真就是“过去一贯如此，未来也必定如此”。这句话放在很多非科学领域，我们就知道完全不是如此了。尤其在经济领域，这种过去如此，未来也必如此的逻辑，是最经不起推敲的。我们之所以会形成因果的概念，就是因为这些规律在过往都太可靠了，从未发现反例，虽然未来我们无法完全预测，但在适用范围内，因果律从未辜负我们的期待。因此因果律，也是科学研究的一大共识。正是因为有了诸如奥卡姆剃刀原理和因果律等一系列共识，科学才能在客观的基础上进行展开，即便这种客观，并非脱离主观独立存在。说到底，科学，究其根本，也是一种信仰。

为了对抗世界的不确定性，我们找到了一条条物理定律，这些物理定律都是因果律，它们能帮助我们很好地对抗不确定性，尽管不确定性原理规定了，我们最终无法完全消除所有不确定性，就好像“绝对零度不可达”一样，这依然阻止不了我们尝试去逼近它们的努力。我们常常说，物理定律是简洁而优美的，这也几乎是所有物理学家始终相信的真理。确定性是多么简洁优美，而不确定性又是多么复杂且丑陋。

那些物理学中最为基础、最为重要的公式定理都拥有简洁的、精确的美感。物理学中一些最基本的常数，都能够精确到令人叹为观止的地步，从实验上的测量看来，它们真的是亘古不变！或者严格地说：这些常数在过去没有变过，我们相信它们在未来也将亘古不变。物理学当中一些最为基础的公式，又是如此优美，没有一点瑕疵。例如万有引力中的平方反比律，引力反比于距离的2次方，为什么就是2？不是2.000001？不是1.999999？就那么不偏不倚，精确定于2？其实这样看来，物理定律的简洁美，从感官上，它其实来源于数学的简洁美。

为什么数学如此优美？因为它是人类思维的产物。数学并非科学，它是科学的语言，尤其是物理学的语言，物理学必须要有语言，才能让人的思维去理解它。科学需要有可证伪性，但数学似乎并不需要。数学的推理过程，是基于一些不言自明的公理，在公理的基础上进行逻辑推演，并最终依靠证明过程获得结论规律。数学理论的结论，只要大家在公理的内容上没有分歧，则结论必然一致，除非证明推导过程中存在错误。因此数学的证明并非实验的验证，从英文上也可以看出区别，证明是proof，验证则是verification。为何会如此？因为数学完全是脱胎于人类自身的思维方式，它完全是人类思维的产物，甚至可以说在自然界，数学未必天然存在。数学中很多基本概念，自然界中是不存在的，例如几何学中的基本构成单元：点、线、面。点是只有位置没有大小的，现实中并不存在这样的物体，再小的微观粒子也总有它的空间范围，更不要提量子力学中的不确定性原理，否定了经典概念上“点”的存在。线是只有长短、没有粗细的，面是只有面积没有厚度的，这些概念在现实世界中都不存在，而是人类思维的抽象产物，我们的思维为了突出一种特点，刻意地在思维中取了极限。

数，则更是抽象的概念。我们学过各种各样的数，如自然数、整数、有理数、无理数、虚数，等等。虚数是人造数自然不必多说，连有理数其实都是理想化的抽象概念。例如 1/2，作为有理数，它在现实中对应的概念其实是“一半”。例如一个苹果，要把它切一半，且不用说不存在完全左右对称的苹果，即便有，一刀切下去，刚好切到一半大小、一分不多、一分不少的概率也无限趋近于零。所以 1/2 所代表的“一半”也是概念中的一半，并非实际的、完完全全的、分毫不差的一半。也许除了自然数以外，其他类型的数，大多在现实中找不到对应物。数学乃是人类思维模型最直观的体现。而物理学作为人类理解世界、解释世界最底层的方式，它以数学为语言，不更加说明了物理学，乃至整个科学，其实与其他非科学的理论一样，都是人类发明的借以认识世界的思维模型吗？

数学是人类认知世界的一种思维模型，并且是最底层的思维模型，则它必然是能以最高效的方式让我们所有人达成共识的，我们自然选择相信数学。数学不光是人类所相信的，就连 1974 年，人类向太空发送

aricibo message 尝试联系外星人的时候，发送的信息也是用数学解码的，因为我们相信，数学是所有思维都相信的。

我们相信因果律，由此我们相信数学，再由此我们相信理论物理，相信了基础的物理定律应当是简洁而优美的。而数学的思维方式，从根基上是还原论的，是 1+1=2，而我们已经以一本书的篇幅介绍了种种反还原论的案例。数学未必能用还原论的方式去描述所有反还原论的现象，而反还原论的现象又比比皆是，整个凝聚态物理，尤其拓扑序的发现，涌现出来的多体系统中的秩序皆为此类。

简洁优美的定律固然是存在的，它们已经经历了无数次的实验验证，但它们未必是完全的。简洁优美的定律，在帮助我们研究复杂多体系统时，未必是最有效的。正如近年人工智能领域如火如荼的发展。神经网络的技术正在向我们展现另外一种理解世界的思维方式。还是那句话：多，即不同。

2022 年年底，OpenAI 的产品 ChatGPT 向世人展示了惊人的语言能力。关于人工智能，有一项测试指标叫图灵测试，即如果一个人工智能与人对话，有超过 30% 的人产生误判，则人工智能会被认为具有意识，即通过图灵测试。而 ChatGPT 通过图灵测试，可谓不费吹灰之力。ChatGPT 拥有如此强大的能力，其实根本上就是来源于神经网络规模大到一定程度之后的涌现：多，即不同。ChatGPT 基于的计算机技术是模拟人脑运行方式的神经网络，更具体地，这个方向叫大语言模型（large language model，LLM）。人脑拥有超过 100 亿个神经元，电信号在神经元之间传递处理信息，从而构成了人的思维系统。因为数量的庞大，系统的复杂，人脑涌现出了自我意识。ChatGPT 也是如此，它的参数达到了千亿级别，从而涌现出了极高的智能，连 ChatGPT 的缔造者也并不知晓里面具体发生了什么事情，只知道，这就是一种因为数量庞大而涌现出来的秩序。

除了 ChatGPT，谷歌公司在 2023 年年初也在《自然》杂志上发表了一篇论文，在这篇论文中，谷歌尝试了一种全新的神经网络算法，使得天气预报的准确度上了一个大台阶。如果细看这篇论文，具体做了什么操作，达成了这么大的预测品质提升，答案很惊人，它们把物理定律从算法中去掉了。传统的天气预报做法，是先收集数据，对数据做预处理，然后通过物理定律进行计算，再把经过物理定律计算的结果输入算法进行训练，从而得出天气预报的数据。由于算力提升了，参数变多了，居然直接跳过了物理定律，抛弃了因果关系。直接对数据进行相关性的计算和神经网络节点权重的训练，居然能得出更准确的结果。从消除复杂系统不确定性的效率上来说，复杂和丑陋的海量数据，居然战胜了简洁而优美的物理定律。

从上中学学习物理学开始，我们所面对的物理定律，它们的成立总是有一个先决条件——“在理想状态下”，物理定律总是不容忍误差。物理学的模型，也通常都是极端的、理想状态下的，例如质点，就是一个只有质量，没有大小的几何点。即物理定律所描述的，大多是抽象的、理想的世界。关于物理定律的这个特点，还有这样一则笑话：有一位农场主养的鸡生病了，多方求医无果，最后他找到了一位物理学家。物理学家经过一系列的研究找到农场主说道，我找到了给你家的鸡治病的方法了，但是这个方法只对真空中的球形鸡有效。

这则笑话固然是一种调侃，但谷歌公司做出的，抛弃物理定律后，天气预测模型居然更精准这件事，让我们不得不进行深度思考。为什么抛弃了物理定律反而更精确呢？我们不得不强调，虽然是自然界的定律，但说到底，用简洁而优美的数学语言所描述的抽象的、理想的物理定律，它实际上是对真实世界规律进行描述的一种简化，因为在传统科研手段当中，研究对象是如此复杂，我们无法全息地获得研究对象的所有信息，因此我们用抽象、简化、人类可以理解的数学语言来对其进行描述，本质上这也是一种近似。而如果我们真的拥有一个全息的、如神话故事里描述的“预言水晶球”的话，或者说真的有一只拉普拉斯妖，可以全方位地向我们描述未来，我们就直接看到了未来，从实用的角度来说，我们并不需要知道其规律。而复杂系统的敏感度又是这么高，如果单用简洁优美的物理定律对其进行描述和预测，那些复杂度会通过系统的敏感性迅速放大，也许这也是为何在天气系统这样一个极其复杂的系统中，抛弃物理定律，拒绝近似简化，而是以极其庞大的算力进行弥补，会得到更好的结果。

这告诉我们，真理未必是简洁而优美的，它也可以是复杂的，甚至丑陋的，毕竟我们过往的知识，那些简洁优美的知识，或者说我们过往对于知识的追求，是一种数学般的、具有艺术美感一般的追求。是一种形式逻辑上的美感，是一种简洁的思维模型，既然是模型，就不止一种形态，也无可厚非。或者我们不应该只固执地，选择相信它只有一种形态。复杂系统、神经网络的威力，让我们认识到，或许在未来，人类追求知识方式的本身，也会产生巨大变化。

人类用来认知世界的方法主要有两种：归纳法和演绎法。归纳法，就是通过现象总结规律。比如，一个人见过所有欧洲范围内的天鹅都是白色的，于是他通过经验得出一个结论：世界上的天鹅都是白天鹅，这就是典型的归纳法。归纳法的特点是只能证伪，不能证明。如果有人在澳大利亚看到一只黑天鹅，那么世界上的天鹅都是白天鹅的结论就被证伪了。归纳法是经验主义的。

演绎法，则是以一条基本假设为前提进行逻辑推演。比如，已知凡是人都会死，苏格拉底是人，所以苏格拉底会死，这是典型的三段论演绎法。演绎法的特点是只能证明，不能证伪。因为只要前提是正确的，后面的推论都是必然的导出。即使结论是错误的，也是因为公理前提出了问题。比如苏格拉底会死的论证，是基于凡是人都会死的公理给出的，但是人真的都会死吗？你并不能保证以后生命科学发达了，不会出现永生的人，演绎法是理性主义的。

而实际上，演绎法也是建立在归纳法的基础上，演绎法虽然是“必然的导出”，但本质上的依据也只是“因为过去总成立，所以未来也必成立”，甚至可以说演绎法是“极其可靠的归纳法”。如此一来，通过大语言模型的人工智能，发现定理的新方式，可能也可以从逻辑演绎，变成暴力枚举。就用数学研究来举例，传统我们认为，数学研究靠的是逻辑推理。但逻辑推理的因果关系，何尝不能处理为极其可靠的归纳？大语言模型的数据来源是各种数据库里的文字资料，就是各种各样的语言。这里不得不提奥地利哲学家维特根斯坦。维特根斯坦的语义转向论主要说的是，逻辑是必须在语言上流淌的，有了自然语言，才有逻辑流淌的可能性。所以不管 ChatGPT 未来能不能进化出自我意识，有逻辑的语言是进行逻辑思考的第一步。再就还是回溯休谟的哲学理论，休谟认为因果律无非是人类的认知习惯，并非天然存在。而我们知道数学研究主要是做演绎法，从一些有限的公理出发，通过逻辑推导得出各种公式定理。此处的逻辑推导其实是一些列的因果关系，而因果关系无非是一些“屡试不爽”，那我们就可以让 ChatGPT 大量地用归纳的方式学习世界上所有已经存在的证明过程，把里面的因果关系全都用归纳的方式学习通透。如此 ChatGPT 自己虽然完全不理解演绎逻辑，但它能通过神经网络的权重分配，知道一个因，就应该对应一个果，并且还可以学习在不同参数条件下的，一个因应该对着什么果，因为数学就是这样的大规模因果链条。接下来，ChatGPT 可以把所有可能的因果关系全都排列组合出来，从而给出一大堆结论，人类数学家可以去看这些结论里哪些是正确的、重要的，哪些是谬误的。也许在未来，发现数学定理的一种方式，是让机器先大规模地枚举，然后人类去做修正呢！

我们一向认为，机器可以替代人类大部分的工作，但是需要创造力的，如艺术创造、科学研究，机器是永远无法替代人类的，因为需要创造力的工作必须是人类自由意志的体现。但如果通过复杂系统涌现出的机器意识，真的开始做科研了，那是不是说明，知识，其实也是“文章本天成，妙手偶得之”，也正如六祖慧能所言：何期自性，本自具足。

在还原论的解释下，我们确实探寻到了关于宇宙的很多真相，我们找到了构成世界万事万物的多种基本构成单元，也发现了简洁而优美的物理定律，它把人类消除不确定性的能力提升到了空前的层次，极大地扩展了人类的生存空间。而凝聚态物理当中，涌现出来的种种秩序，从物理层面上告诉我们，简洁和优美，未必来自更简洁和更优美，它也可以从复杂的系统当中涌现出来，不确定性、复杂性，也许才是这个宇宙的真相，至少可能是，宇宙的另一种真相。

后记

》》》》

揭开宇宙的另一种真相

这本《宇宙的另一种真相》，是我作为一名职业科普作家所创作的第四本书。这本书的创作过程并不算长，从构思到完稿，堪堪一年光景。但在这一年左右的创作过程中，我对其倾注的心血，是前三本书加起来都有所不及的。而我从创作过程中所收获的感动，也更是前三本书之和都无可比拟的。

不同于以往科普书的创作方式，这本书虽然由我执笔，但其作者其实是一个编写小组。除我本人之外，小组成员还有张首晟教授的夫人余晓帆和儿子张晨波，首晟的博士后研究生、斯坦福大学物理系教授祁晓亮，以及首晟的博士研究生、普林斯顿大学物理系教授廉骉。在撰写过程中，曾经也是首晟的博士访问学生、宾夕法尼亚州立大学的刘朝星教授也给出了积极的指导意见。

这本书的主人公，如果说一本科普书也有主人公的话，那便是已故的张首晟教授。对于如何在这本书中称呼张教授，编写小组经过讨论认为：虽然在公众眼中，张教授是受人敬仰的物理学泰斗，但他于我们，更是至亲至爱和良师益友。在我们的经验中，首晟是十分亲切的（虽然我与首晟素未谋面，但通过与小组成员了解的首晟的故事，在我心中，也早已把他当成一位十分亲切的前辈师长）。因此在书中，我们也沿用了日常生活中对他的称呼，即直接以名字首晟相称。

从学生时代开始，首晟就一直是我的学术英雄。在我不长的学术生涯中，我对首晟的学术工作一直密切关注。作为一名物理专业的学生，凝聚态物理曾是我的研究方向。而在我读书的时候，拓扑材料这个科研方向成了凝聚态物理当中最令人关注的领域之一（直到今天依然如此）。而拓扑材料当中，“拓扑绝缘体”又是所有拓扑材料当中最令人瞩目的研究方向，不仅因为它在理论上非常新颖，更因为它已经是在实验室中实现的拓扑材料。而首晟便是最早提出拓扑绝缘体理论并在实验上验证其存在性的科学家之一。杨振宁先生也曾经评价首晟得诺贝尔奖只是时间问题，只可惜首晟早逝，我们无法见证这一天的到来了。

我记得在本科快要毕业的时候，我的父母问过我，毕业之后的打算是什么。我清楚地记得我的回答是：如果能去斯坦福大学跟随首晟教授攻读物理学博士，那将是我最大的幸运。不过很遗憾的是，我当年并未能被斯坦福录取，因此未能如愿成为首晟的学生。

但命运的齿轮转动起来，真是很奇妙，从未想到十年之后，我与首晟再度结缘。2022 年初，我申请了高山书院的“张首晟奖学金”。首晟生前是高山书院的校董，为纪念他，高山书院以首晟的名义设立了奖学金，用来激励科技工作者。首晟的夫人余晓帆老师是终面的评审之一，现在回忆起来这场面试——其实不像面试——更像是在和晓帆老师叙旧，我们聊起来感觉是一见如故。所以虽然最终我没有获得奖学金，但能与晓帆老师结识，我已觉得是莫大的幸运。于是在 2022 年我去斯坦福访学的时候，第一时间便拜访了晓帆老师，同时也见到了晨波以及晨波的妻子Ruth。我们在一起畅谈了整个下午，从科学聊到艺术，从科技创业聊到人生理想。聊起首晟的时候，晓帆老师提出是否可以由我执笔撰写一本关于首晟科学研究的书。

说实话当听到晓帆老师这个提议的时候，我是很震惊的，是激动的震惊。因为这个想法，早在首晟刚刚去世时，我在震惊与惋惜之余，早已有过。只是我作为一名普通的科普作家，从不认为自己有足够的功力和资格胜任这项任务。所以只是偷偷地想过，我一直视这项任务（如果能由我来主持这项任务的话）为我作为一名科普作家的职业高峰。所以能够执笔撰写这本《宇宙的另一种真相》，真的可以说是职业生涯圆梦了。

这本书的创作过程对我来说是痛苦并快乐的，但快乐远多于痛苦。痛苦的是，这本书中的内容，难度非常高，因为不比以往的科普书籍，大多讲解的是已经被充分验证的、经典的科学知识，抑或是展开想象、科幻方向的科学脑洞。这本书讲解的，是凝聚态物理中最为前沿的科学进展。因为这些科研成果非常新，要把它们的科学原理讲解到位本就不易，还要尽量用科普的、通俗但又不丢失其真髓的方式讲解，挑战巨大。在撰写我的第一本科普书《六极物理》时，也曾经遇到过类似的困难，我发现写到凝聚态物理的篇章时，下笔十分困难。当时我还请教过我的本科同学，彼时他已是凝聚态领域的知名学者了。我的同学对我说：你有没有发现迄今为止，几乎没有什么关于凝聚态物理的科普书？就是因为这里面的概念太深奥了，科普起来会非常困难。所以要写这本在中文世界，差不多是第一本关于凝聚态物理的科普书，挑战也可想而知。难写是一方面，写出来还要能让大家看懂，我相信是更加困难的。正如编写小组成员之一的祁晓亮教授说的：这可能是史上写得最烧脑的一本物理科普书了。

但这种挑战其实便是我在创作过程中的快乐源泉。如前文所述，这本书的作者其实是一个五人编写小组。在创作过程中，我通过晓帆老师了解了许多首晟的人生故事，可以说是更全面、立体地了解了我的学术偶像。晓帆老师也给我展示了很多首晟的旧照片、藏书以及未经发表的手稿。从晨波那里我也了解了许多首晟作为一位父亲如何展现自己的教育理念。也从祁晓亮教授和廉骉教授那里，学习到了许多最前沿的物理学知识。创作过程中，我曾去到普林斯顿大学向廉骉教授请教。而由于离得近，我隔三岔五就到祁晓亮教授家中与其探讨物理学问题。我们常常由物理学知识出发，然后便一发不可收拾地发散到平行宇宙理论这种看似科幻的问题，甚至会上升到哲学层面的话题。最让我印象深刻的是，祁教授作为一名顶级的物理学家，他的书桌上放的不是物理书籍，而是一本叔本华的《作为意志和表象的世界》。我也曾向晓帆老师谈论起，说为什么祁教授似乎跟我以往接触过的学者不太一样，相比于纯粹地聚焦于自己的专业，一切跟世界终极相关，但跟物理不是直接相关的事情，他都很感兴趣。晓帆老师告诉我，这恰恰是首晟的学生所拥有的共同点。首晟的职业虽然是一名物理学家，但他科研的出发点还是对世界的好奇心，以及对真理的不懈追求。

这也是《宇宙的另一种真相》想要传达的核心精神。我们曾经纠结于要如何定位这本书的内容，如果要写首晟的人物传记，显然我不是最合适的人选。而如果要写首晟的科研成果，其实早年出版的、首晟的论文集，已经把他的成果都作了很好的总结。这时晓帆老师建议，不如让我们想想，如果是首晟亲自来写这样一本科普书，他会怎么写。其实让我们回归本心，答案就很明显了。首晟在科学面前永远是谦卑的，他从来看重的都并非个人的学术成就，而是对科学精神的传扬。因此，虽然创作这本书的过程中，编写小组怀着对首晟深深的追思，但我们更被首晟的精神所感染，写出了也许是中文世界中的第一本关于凝聚态物理的科普书。也许这本书的内容稍显艰深，但除了科学知识以外，我们更加希望传达的，是首晟一直所保有的，对世界的好奇心、对真理不懈追求的精神，以及首晟一以贯之、对科学所怀抱的赤子之心。科学曾带给首晟的，首晟曾带给我们的，我们希望通过这本书，带给你。